이토록
일상적인 것들의
생태학

내가 지금까지 배움을 얻은 많은 분들에게 감사한다. 철학자들과
저술가들, 동료들, 나의 가족과 친구들, 그리고 그들이 알든 알지 못하든
인생의 길 위에서 만나 일상적인 것들에 숨어 있는 마법을 새롭게 보도록
잠깐 멈추게 해준 많은 이들에게 감사한다.
이 책을 읽고 영감을 받아 더 나은 세상을 위해 앞으로 나아갈
당신에게도 감사한다.

The Ecology of Everyday Things
by Mark Everard

Copyright © 2021 Taylor & Francis Group, LLC

All rights reserved.
This Korean edition was published by Bona Liber Publishing Co-operative Ltd. in 2022
by arrangement with CRC Press, a member of the Taylor & Francis Group, LLC. through
KCC(Korea Copyright Center Inc.), Seoul.

이 책은 (주)한국저작권센터(KCC)를 통한 저작권자와의 독점계약으로 협동조합 착한책가게에서
출간되었습니다. 저작권법에 의해 한국 내에서 보호를 받는 저작물이므로 무단전재와 복제를 금합니다.

이토록
일상적인 것들의
생태학

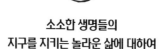

소소한 생명들의
지구를 지키는 놀라운 삶에 대하여

마크 에버라드 지음 | 김은주 옮김

COOPERATIVE
착한책가게

차례

3부 보잘것없는 존재들의 생태학

우리 일상 속 놀라운 기적들

우리는 기술 발달로 이제껏 경험한 적 없는 기적의 시대에 살고 있다. 만약에 중세 시대 사람을 데려와서 우리 집에 뚝 떨어뜨려 놓는다면 어떻게 될까? 단지 시간 여행에 성공했다는 것 말고도 놀라움과 흥분으로 어쩔 줄 몰라 할 것이 분명하다. 왜냐고?

먼저 물이 파이프를 타고 집으로 들어온다는 사실에 깜짝 놀랄 것이다. 계절에 관계없이 밤낮으로 아무 때나 찬물과 뜨거운 물이 나오니까 말이다. 게다가 쓰고 남은 물은 하수구를 통해 어디론가 감쪽같이 사라져버리지 않는가! 또한 다른 나라의 음식을 일상적으로 먹고 지구 반대편 멀리 떨어진 곳에서 생산된 식품을 계절에 상관없이 사 먹을 수 있다는 사실에 더욱 어리둥절할 것이다. 그뿐인가. 이 음식들은 주문만 하면 일주일 내내 언제라도 집으로 배달까지 된다! 그것도 전화나 컴퓨터로 간단하게 주문할 수 있는데, 마치 텔레파시와도 같아 보인다. 전기도 방마다 설치된 콘센트를 통해 편리하게 공급되어 다양한 용도로 사용할 수 있다. 이 전력으로 저녁이면 방에 전등을 켜고, 버튼 하나로 음악이나 티비가 나오도록 하며, 컴퓨터나 식기세척기, 진공청소기를 작동하니 아마도 마법처럼 보일 것이다.

이 중세 사람이 아플 때는 어떻게 대처할지 상상해보자. 강으로 달려가 거머리를 찾아 피를 빨아내어 병을 몰아내는 대신 여러 질병에 맞는 다양한 약으로 치료를 할 것이다. 이 가상의 시간 여행자가 믿기 힘들 정도로 편안한 우리 집에는 어떤 반응을 보일까? 그러니까 가뭄과 폭풍, 비와 눈, 성에와 폭염에 대비해 단열 처리가 잘 되었으며, 다이얼이나 버튼으로 따뜻하게도 시원하게도 만들 수 있는 집 말이다. 과거에는 잔칫상에나 오를 수 있던 오대륙의 특제 요리로 가득한 뷔페식 식탁에서 음식을 골라 먹을 수 있고 우리 가운데 아주 소수만 배를 곯는다는 사실에는? 우리에게서 고약한 냄새가 나지 않는다는 것에도, 적어도 우리가 씻을지 안 씻을지, 밤과 낮 중 언제 씻을지를 결정한다는 것에도, 겨울에 강의 얼음을 깨지 않고도 따뜻한 물로 씻을 수 있다는 것에도 무척 놀랄 것이다.

일상에서 느끼는 자연의 경이로움

집 안에서 자연의 풍요로움을 접할 수 있게 하는 이런 편의시설들이 이제는 너무 흔해졌지만 사실은 거의 기적에 가까운 것이다. 그러니 우리도 중세에서 온 사람이 보일 반응과 같이, 이것들에 대해 더 자주 경이롭게 생각하면 좋겠다. 이 모든 편리함을 누릴 수 있는 것은 우리가 더 깊고도 기본적인 '자연이라는 존재'에 연결되어 있기 때문이다. 즉 '우리가 무심코 전적으로 의존하고 있는 자연 자원들의 순환과 흐름'에 연결되어 있기에 가능한 일이다. 오늘날 우리는 이들 자연의 산물과 그 흐름에 쉽고 편리하게 접근할 수 있게 되었다. 그래서 일상의 필요를 해결하기 위해 끊임없이 자연에 의지하고 있다는 사실을 쉽사리 잊어버린다.

자연 세계의 모두가 그러하듯이, 우리도 먹고, 숨 쉬고, 마시고, 운동하면서 우리의 필요와 욕구를 충족하기 위해 수많은 방법으로 자연과 상호작용을 한다. 우리에게는 농산품과 공산품의 생산, 그리고 하천 공학, 임학, 건설, 에너지 하베스팅(일상에서 버려지거나 소모되는 에너지를 모아 전력으로 재활용하는 기술-옮긴이)을 비롯해 아주 다양한 방법으로 자연 세계를 우리의 필요에 맞게 다루는 놀라운 재주가 있다.

하지만 인간만 그러한 것은 아니다. 여러 다른 생명체들도 자연 시스템을 그들의 목적에 맞게 조작한다. 예를 들면, 유럽과 북아메리카의 비버는 안전을 확보하고 새끼들에게 수유할 기회를 높이기 위해 강에 댐을 만들어 물길을 돌린다. 아프리카 코끼리들은 나무를 쓰러뜨려 사바나와 숲 주변에 목초지를 유지한다. 개미들은 식물의 잎맥에 있는 당분으로 만든 '단물' 분비물을 얻기 위해 진딧물을 '돌보고' 지켜준다. 모든 종류의 기생충은 영양을 얻고, 스스로를 보호하고, 이동과 전파를 위해 다른 생물체를 이용한다.

그리고 사실 대기를 유지하는 것은 모든 살아있는 생명체 공동의 활동이라고 할 수 있다. 대기는 기체를 순환시키고, 훌씨와 화학적 신호를 퍼뜨리며, 우주에서 오는 자외선의 피해를 막아준다. 그렇게 하여 어둡고 공허한 우주 속의 작고 푸른 지구 위에서 생명이 지속될 수 있도록 해주는 것이다. 자연의 모두가 그러하듯이, 우리 몸의 아주 작은 세포들과 세포 속 생화학 작용에 이르기까지 우리는 함께 진화해온 모든 자연과 서로 긴밀하게 연결되어 있다.

인간이 생태계를 변형시킨 결과

인간 역시 자신에게 유리하게 자연 시스템을 조작해왔다. 인간이 목적을 위해 생태계를 변형하는 능력은 그 범위와 규모에서 자연의 어느 누구도 따라올 수 없다. 우리는 급성장하는 도시와 물이 많이 필요한 농업과 산업 활동을 위해 배수관을 놓아 드넓은 땅을 관통해서 물이 흐르게 했다. 인간은 전체 대지의 생산 능력 가운데 24%를 독점하며 함부로 써왔다. 그러면서 수백만 년이 넘는 오랜 세월 동안 진화해 온 복잡한 서식지와 생태계를 크게 훼손하였다. 그것들은 기후를 안정화하고, 에너지와 물질을 순환시키고 재생산하며, 물이 일으키는 피해를 완화하고 수질을 정화하고, 그 안에 살고 있는 야생생물의 생명은 물론 인간의 여가활동과 미적인 가치를 지원하는 등의 다양한 혜택을 제공하는 것들인데도 말이다.

인간은 음식과 동력을 얻고, 장식으로 이용하고, 자신을 보호하고, 삶의 동반자로 만들기 위해 동물들을 길들이고 번식시켰다. 그러는 동안 인구가 급격히 늘어나고 필요한 자원도 크게 늘어나면서 인간의 잠재적 포식자와 해충, 경쟁자는 크게 줄거나 멸종하게 되었다. 또 인간이나 가축, 농작물의 질병에 원인이 되는 생명체를 다룰 때, 생태계에 큰 피해를 주는 동시에 너무 광범위한 '발자국'을 남기는 통제 방법을 가차 없이 이용해왔다. 이것이 지구의 모습을 완전히 바꾸어놓았다고 할 수 있다. 지구의 물, 기후 시스템의 안정성, 지구 생태계의 특성과 균형이 모두 바뀌고 말았으니까.

일상적인 것들의 생태에 대한 찬사

이 책은 환경 위기나 그 해결책을 다루고 있지는 않다. 그 대신 자연에 대한 찬양을 담고 있다. 우리 일상에서는 너무도 친숙하지만 과거에서 온 누군가에게는 어안이 벙벙하고 깜짝 놀랄 만한 기술상의 기적들은 그 기본이 되는 생물학적 뿌리에서 따로 떼어낼 수 없는 것들이다. 이 모든 친숙한 기술들은 시원한 강의 흐름, 천연 에너지, 영양이 풍부하고 치유 능력이 있는 자연에게서 받는 혜택들을 그저 어떤 방법으로든 인간의 현대적 생활방식을 가능하게 만들기 위한 기발한 방식일 뿐이다. 자연은 여전히 우리 곁에 존재하면서 필요한 것들을 공급하고, 능력이 허락하는 한 많은 쓰레기를 가져간다. 우리 인간은 자연의 물질과 흐름으로 작동하는 정교한 기술의 사슬에 의해 자연과 단단히 연결되어 있다.

우리 인간에게는 생물학적 본성 외에 배우고 혁신하는 본성도 있다. 국제 우주정거장의 생명 유지 시스템까지 거론할 필요도 없다. 이런 본성은 날마다 사용하는 비누에서 빵 한 덩이에 이르기까지 우리가 너무도 당연하게 여기는 현대적인 삶을 가능하게 한 놀라운 기술에서 아주 잘 찾아볼 수 있다. 그 결과 슬프게도 우리가 자연 세계와 따로 떨어질 수 없으며 거기에 뿌리내리고 있다는 사실을 잊어버리는 것이 현대 사회의 본성이 되었다. 자연을 활용하는 우리의 기술 역량은 그것이 미치는 폭넓은 영향에 대한 훨씬 더 많은 정보와 혜안을 바탕으로 재고되고 개혁되어야 한다.

우리는 가끔 경탄할 만한 자연 그대로의 모습을 경험할 수 있는 장소를 찾는다. 실제 경험이건 혹은 텔레비전 같은 미디어나 마음속에서 하는 상상 여행이건 우리는 힘찬 강물의 흐름을 경험할 수 있다. 금방 바다에서 강으로 올라온 연어의 활력을 낚싯줄에서 느낄 수도 있고, 산자락을 성큼성큼 내려오며 불어오는 바람을 온몸으로 느낄 수도 있다. 환상처럼 느껴지는 바다 생물체들에 둘러싸인 산호초 사이에서 스쿠버다이빙을 할 수도 있고, 철새들이 황량한 습지 위를 나선형으로 날아 이동하는 장관을 넋을 빼고 볼 수도 있다. 야생의 자연은 의심할 여지 없이 활기를 불러일으키고 우리가 살아있음을 느끼게 한다. 또 우리에게 깊은 감동을 주고, 일상의 압력에 시달리며 아주 오랫동안 잠들어 있던 우리 내면을 깨어나게 한다.

이 책은 멀고 이국적인 것이 아닌, 일상적인 것들의 생태에 대한 찬양이다. 재미없고 평범한 것처럼 보이는 우리 일상 속 단순한 차 한 잔, 목욕물, 밥 한 그릇, 책, 말벌과 이제 도시에서는 쉽게 찾아보기 힘들어진 들판의 흙더미까지 이 모든 것들에 자연이 어떻게 존재하는지 볼 수 있는 창을 열어줄 것이다.

어쩌면 하루하루 급한 일들 때문에 우리가 놓치는 익숙한 일상의 생태 속에서도 자연 세계와 연결된 삶의 양식이 펼쳐지고 있다. 이 책을 만든 종이와 글자를 인쇄한 잉크, 노트북을 만들고 전원을 공급하는 에너지와 물, 내 스웨터의 모직물, 저 멀리 바다에서 분주히 활동하는 플랑크톤과 우리가 숨 쉬는 공기…. 자연은 지금의 손상된 능력이나마 허락하는 한 언제나 우리의 행복을 지원하고 있다.

'이토록 일상적인 것들의 생태학'이라는 제목에서 알 수 있듯이, 이 책은 우리를 둘러싼 세상 속의 자연을 다루고 있다. 또 누가 알겠는가, 세상을 다르게 보고 우리가 자연에 뿌리내리고 있음에 감동함으로써, 우리의 삶과 선택이 더욱 풍요로운 방향으로 나아갈 수 있을지. 그리고 이를 통해 우리와 공통의 생태학적 의존성으로 공고히 연결된 수많은 사람들의 미래를 보호하는 데 기여할 수 있을지.

집 안에서
느끼는
생태학

1부

1
내 트렌디한
티셔츠

    오늘 나는 침대에서 빠져나와 늘상 하던 대로 윗옷을 골랐다. 침실 벽장 옷 무더기에서 맨 위에 있는 티셔츠를 골라잡은 것이다.

    솔직히 말하자면, 나는 패션 감각이 있는 사람이 아니다. 내가 갖고 있는 티셔츠들은 20년이 넘은 것이 많고, 몇 안 되는 새것은 경품이나 선물로 받은 것들이다. 브랜드 제품이나 화려한 새 옷도 그리 내 마음을 끌지 못한다. 나 같은 사람에게는 낡거나 원래 형태를 잃더라도 큰 문제가 되지 않는다. 입었을 때 편하면 그만이다. 이것은 내 타고난 털털한 성격과 심하게 망가지지 않는 한 바꾸지 않으려는 성향, 또 자원을 낭비하지 말자는 내 바람과 들어맞는다.

내 티셔츠에 무슨 일이?

순면 티셔츠는 무척 흔한 옷이지만, 서리 없이 자라야 하는 면화가 살기 힘든 기후인 영국 서부의 우리 집 옷장까지 오려면, 그 주원료는 꽤 긴 여행을 해야 한다. 내 티셔츠에 무슨 일들이 있었는지 한번 살펴보자.

면은 지구의 산물이다. 바람을 타고 흩날리는 민들레 홀씨부터 버드나무의 솜털 씨앗, 단열이나 가구 속을 채우는 데 쓰이는 케이폭 섬유에 이르기까지 많은 식물들은 자신의 씨앗을 보호하거나 널리 퍼트리기 위해서 유기섬유를 만든다. 탈지면으로 쉽게 접할 수 있는 부드럽고 보풀이 있는 면섬유라든지 바느질을 하거나 천을 짜는 데 쓰는 면사는 모두 식물에서 온 것이다. 목화(면화)는 목화속 식물로 다양한 종이 있으며, 아메리카에서 아프리카, 인도와 오스트레일리아의 열대와 아열대 지역에 걸쳐 분포하는 아욱과의 관목이다. 면섬유는 씨앗을 보호하는 캡슐인 꼬투리 안에서 자라는데 씨앗이 다 성숙하면 꼬투리가 열리면서 씨앗이 널리 퍼진다.

면화의 이용은 유서가 깊고 놀랍도록 널리 퍼진 인류의 유산이다. 선사 시대의 구세계(아시아, 아프리카, 유럽)와 신세계(아메리카, 오세아니아)에 모두 면화가 도입되어 자립적으로 재배되었다는 사실이 밝혀졌다. 대략 기원 전 500년쯤 것으로 추정되는 면화 섬유 조각들이 멕시코[1]와 인더스강 계곡의 고고학

유적지에서 발견되었다.[2] 그때에도 면화가 다양한 목적으로 널리 사용된 것이다.

사람들은 땅을 이용하고 변경하면서 필요와 요구에 따라 면화를 전 세계에 퍼트렸다. 면화 재배, 실잣기, 염색은 북아프리카와 아시아를 가로질러 아메리카와 남부 유럽에서 오랫동안 이어져 내려왔다. 중세 후기부터는 북유럽의 다른 나라들로 활발히 수출되었으며, 그리스인들과 아랍인들은 알렉산더 대왕의 정복 전쟁 때부터 면화를 접할 수 있었다.

면화의 정치학

많은 국가들 사이의 면화 교역 이면에는 뚜렷한 정치적 맥락이 있다. 한 예로, 18세기 후반에서 19세기 초의 식민지 지배기에 영국의 동인도회사는 한때 급성장하던 인도의 면화 가공 분야를 쇠퇴시키는 정책을 적극적으로 펼쳤다. 인도에서는 가공하지 않은 면화만 공급하도록 하고 영국에서 이 면화를 이용하여 옷감을 대량생산해 인도에 판 것이다. 당시 영국에서는 산업혁명으로 면직물이 주요 수출품으로 떠올랐기 때문이다. 이 무역이 크게 성장하면서 인도의 면화 공급이 수요를 따라잡지 못하게 되자 영국 상인들은 미국과 캐리비언의 면화 농장으로 눈길을 돌렸다.

그리하여 19세기 중엽 면화는 미국 남부 경제의 근간이 되었고 "면화가 왕이다"라는 슬로건이 유행할 정도였다. 하지만 면화 농장에서 주로 노예들이 일하게 되면서 남부 면화 산업의 비윤리성이 성토되었다. 노예 해방을 둘러싸고 미국의 남북 전쟁이 시작되었고, 남부 연합 정부는 영국이 남부 연합을 인정하고 전쟁에 참여하도록 강요하기 위해 면화 수출을 줄이기 시작했다. 이때부터 면화의 정치적 의미가 다시 한 번 불거지게 된다.

20세기 중반으로 넘어와보자. 당시 마하트마 간디는 면화 공급망의 불평등을 폭로했다. 지역의 노동자들이 측은할 정도의 보수를 받으며 면화 섬유를 공급하면, 이것이 결국 먼 곳의 왕과 지주들에게 비싸게 옷을 파는 상인들의 배를 불린다는 것이었다. 간디는 한 발 더 나아가 외국산 물건, 특히 영국에서 만든 물건의 구매를 거부했다. 그리고 인도 사람들이 영국에서 생산된 직물 대신 집에서 직접 짠 카다르 직물로 만든 옷을 입어야 한다고 주장했다. 또한 이 내용을 포함한 스와데시 정책으로 대표되는 비폭력 운동을 펼쳤다. 이 운동을 위해 간디는 '차카'라는 작은 크기의 접을 수 있는 휴대용 물레를 발명하기까지 했다.[3]

이 물레는 간디가 펼친 건설적인 프로그램의 상징이 되었다. 인도가 영국에서 독립한 후 1947년 7월 22일부터 사용해온 삼색 인도 국기는 중앙에 24개의 바퀴살이 있는 푸른 바퀴가 있다. 이는 '다르마 차크라(법의 바퀴, 즉 법륜)'로, 국가의 지속적인 발전과 삶에 있어서 정의의 중요성을 나타내며, 아울러 간디의 물레를 형상화한 것이라고도 한다.

아랄해의 비극

쓰임새가 다양한 면화는 여전히 무역에서 중요한 기초 품목이다. 오늘날 세계의 연간 면화 생산량은 대략 2천5백만 톤이다. 전 세계에서 옷감을 포함한 직물을 만드는 데 사용되는 섬유의 원료로 면화가 절반 가까이 차지하며, 나머지는 대부분 합성섬유가 쓰인다.[4] 중국은 세계에서 면화를 가장 많이 생산하며 주로 국내 시장에서 소비한다. 인도와 미국이 그 뒤를 따른다. 그 다음 생산량 순으로 보면 파키스탄, 브라질, 우즈베키스탄, 서아프리카의 몇몇 국가들, 터키, 오스트레일리아, 투르크메니스탄과 아르헨티나이다.

세계 농경지의 2.5%에서 면화가 생산되기 때문에 세계 면화 무역의 영향은 결코 적지 않다. 면화는 재배에 물이 많이 들어가는 작물이어서 면화 1킬로그램(티셔츠 한 장과 청바지 하나에 필요한 면화의 양)을 얻기 위해서는 20,000리터가 넘는 물이 필요하다. 세계 면화 수확량의 73% 정도는 관개지(물을 끌어와 대는 경작지-옮긴이)에서 얻는다.[5] 어떤 지역에서는 면화 무역을 위해 물의 방향을 바꾸고 물을 모으는 바람에 흡사 재난 수준의 피해를 겪기도 했다.

주목할 만한 예로 아랄해를 들 수 있다. 아랄해는 1950년 대에 세계에서 네 번째로 큰 내륙해였고, 67,300제곱킬로미 터 넓이로 펼쳐져 있었다. 1960년대에는 해안가에 있는 대 규모 소비에트 통조림 산업을 뒷받침하는 풍부한 어장이기도 했다. 이 아랄해로 흘러드는 사르다리야강과 아무다리야강의 유역에서 수십 년 전에 면화 산업이 시작되었다.

당시 소비에트 연방의 일부였던 카자흐스탄과 우즈베키 스탄 두 나라가 아랄해의 해안선을 나누어 갖고 있었는데, 1960년대에 댐을 만들고 물을 옮기는 대형 프로그램에 착수 했다. 500킬로미터 길이의 수로를 만들어, 호수를 둘러싼 거 대하고 건조한 스텝 지대의 논과 면화 재배지에 강물의 1/3 에 이르는 물을 끌어다 대는 프로그램이었다. 농업 생산성을 증가시키기 위해서였다. 벼와 면화 모두 재배에 물이 많이 들어가는 작물이기 때문이다.

어업의 번창과 면화 산업의 증대는 서로 양립할 수 없음 이 곧 드러났다. 1980년에 기술자들은 아랄해로 흘러들어가 는 물의 양이 1960년대에 기록된 것에 비해 10%로 줄어들 었나는 사실을 알게 되었다. 1970년에 아랄스크시 항구에 는 물이 사라졌고, 도시 주민들은 매일같이 해안선이 멀어지 는 것을 보게 되었다. 아랄해는 점점 황폐해져 남은 물 하나 없이 모래로 덮인 황무지가 되어갔고 녹슨 컨테이너선과 거 대한 트롤선들이 오도 가도 못하게 묻혀 있는 것으로 악명이 높아졌다. 1984년에 아랄해가 열대의 태양 아래에서 말라가고 신선한 물이 공급되지 않아 점점 줄어들자 통조림 공장과 트롤선들이 마침내 버려졌다. 1989년에 예전에 거대했던 이 수역은 두 개의 작은 고염분 바다, 북아랄해와 남아랄해로 나뉘고 만다.

2003년, 아랄스크시는 이제 아랄해와는 64킬로미터나 되는 불모의 염전을 사이에 두게 되었다. 지역의 많은 사람들이 더 이상 식수를 얻을 수 없게 되었고, 남겨진 자원은 모두 면화 재배에 사용된 비료와 살충제로 심하게 오염되었다. 줄어든 아랄해는 기후를 조절하는 능력조차 잃었고 그 결과 겨울과 여름은 더욱 극한 날씨가 되었다. 먼지 폭풍이 해안가 지역을 괴롭혔으며, 건조한 바람은 지금은 말라버린 원래의 해저면을 자극해서 면화 재배에 사용된 농약의 독성이 섞인 소금기 있는 모래 구름을 만들었다. 또한 심각한 건강상의 문제가 지역사회를 엉망으로 만들었다. 아동 사망률의 7.5%는 호흡기 질병에 의한 것이었으며, 소금기와 먼지가 200킬로미터 너머까지 이동하며 우즈베키스탄, 키르기스스탄, 투르크메니스탄에 있는 대규모 경작 지역의 농업 생산력을 떨어뜨렸다.

2009년, 환경 재앙과 그것이 인류에게 미친 끔찍한 결과를 담은 이자벨 코이제트의 다큐멘터리 〈아랄, 잃어버린 바다〉가 전 세계 시청자에게 공개되었다. 이미 아랄해가 두 쪽으로 나뉘고 그 규모가 1/4로 줄었을 때였다. 아랄해의 축소는 계속되었고, 예전에 거대하고 생산성이 높았던 이 내륙의 수역은 몇 년 안에 완전히 사라져버릴 위기에 처해 있었다.

그러나 이 이야기는 완전하진 않더라도 더 나아질 가능성을 안고 있으며, 현재의 약속이 계속 지켜진다면 회복으로 끝맺을 수도 있다. 맨 처음 고무적인 징후는 1991년 카자흐스탄과 우즈베키스탄이 소비에트 연방에서 독립하면서 정책의 반전이 이루어지며 나타났다. 이것이 아랄해가 서서히 회복하는 데 어느 정도 도움이 된 것으로 보인다. 또 한편으로는 관개의 어려움이 아랄해를 돕기도 했다. 관개한 땅이 건조한 지역인 데다 증발률이 높아서 물이 부족하거나 염전화되다 보니 점차 생산성이 떨어졌다. 그래서 결국 아랄해 주변이 아니라 아랄해에 물을 공급하는 강 지역의 농업이 강화되었다.

아랄해를 복원하려는 시도는 1996년 아랄해 북쪽에서 흐르는 사르다리야강의 물을 유지하기 위해 댐이 세워지면서 시작되었다. 이 지역 호수의 수위를 조절하고 주변 땅에 물을 대기 위해서 댐을 세웠으나 몇 년 지나지 않아 그만 무너져버렸다. 이를 계기로 유엔 개발 프로그램UNDP과 국제은행이 8천만 달러의 착수금을 지원하여 북아랄해의 복원을 시작할 수 있게 되었다. 이 프로그램을 통해 사르다리야 강물의 관리를 향상시키는 것은 물론, 나아가 2004년에 과거 바다의 북쪽 분지와 남쪽 분지를 연결했던 지역을 가로지르는 13킬로미터 길이의 댐을 건설하기에 이르렀다.

결과는 극적이었다. 북아랄해의 수위는 6개월 만에 4미터로 높아졌다. 10년 후에는 북아랄해의 수위가 6미터로 올라갔으며, 그 부피는 68% 커졌다. 이 덕분에 어류 개체수가 증가하고 야생생물이 돌아올 수 있었다. 북아랄해에 인접한 지역의 주민들은 끔찍한 가난에서 벗어나게 되었고, 질병에 대한 부담도 줄어들었다. 여전히 과거에 사용했던 많은 대형 트롤선과 유조선들이 녹슨 잔해로 남아있지만 어업도 조금씩 다시 시작되었다. 예전에 바닷가 도시였던 아랄스크는 아직도 해안에서 25킬로미터 떨어져 있지만 10년 전까지만 해도 이 거리는 무려 75킬로미터였다.

하지만 이같은 필사적인 조치들이 남아랄해에서는 취해지지 않았다. 아직까지 뾰족한 해결책이 나오지 않는 상황에서 남아랄해는 기후 변화에 점점 더 취약해지고 있다. 더욱이 상당한 환경적, 사회적 비용이 드는 면화 생산을 포함해 재난을 일으켰던 여러 가지 문제가 여전히 존재한다. 우즈베키스탄 대통령이 에너지와 물의 효율에 기반한 친환경 경제, 환경 친화적 기술을 개발하기 위한 국제적인 투자를 받기 위해 노력하겠다고 선언했지만, 여전히 과제들이 남아있다. 이 모든 드라마는 면화에 굶주린 세상의 요구를 충족하기 위해서 벌어진 것이다.

오스트레일리아에서도 비슷한 일이 있었다. 오스트레일리아 면적의 14%를 차지하는 머레이-달링강 유역에는 국내와 해외 시장을 위한 양모, 면화, 밀, 양, 소, 유제품, 쌀, 지방종자, 포도주, 과일과 채소를 생산하는 오스트레일리아 농장들이 40% 이상 자리 잡고 있다.[6] 이곳 역시 면화 산업을 위해 물을 뽑아 쓰고 살충제를 지나치게 뿌려왔다. 그 때문에 염분과 농약 함유량이 증가하고, 강물의 흐름이 감소하고, 토종 물고기와 다른 유기물이 상실되는 등 여러 문제가 생겨났다.

전 세계 대부분의 나라에서 농업이 오염의 가장 큰 원인이다. 특히 세계적으로 세계 판매량의 24%에 이르는 살충제와 11%에 이르는 농약이 면화 재배에 사용되고 있다.[7] 그러나 비영리단체인 '더 나은 면화계획Better Cotton Initiative[8]'을 통해, 그리고 면화 재배에 필수인 벌과 다른 꽃가루 매개자들을 보호함으로써 환경과 윤리적 문제를 해결하려는 움직임이 일고 있다.[9] 나라마다 차이가 있기는 하지만, 면화 생산은 환경에 대한 염려 없이는 할 수 없다. 그런 이유로, 나는 일상적인 것들의 생태학이라는 우리의 낯선 성찰이 좀 더 친숙한 환경보호론자의 행동으로 나아가기를 바라마지 않는다.

자연으로 돌아가다… 또는 그렇지 않다

면화로 만든 천연섬유는 더 이상 사용하지 않게 되었을 때 땅에 묻으면 그 성분이 자연의 생산성으로 돌아간다. 논란의 여지가 있지만, 내 많은 티셔츠들은 이미 오래전에 제조업자의 기대를 훌쩍 뛰어넘어 상당히 연장된 수명을 누렸다. 내 티셔츠들은 몸과 마음 모두에 친숙하고 편안하다. 사실 티셔츠에는 단지 식물의 오래전 죽은 씨앗의 솜털만이 잔여물로 남아있는 건 아니다. 그것들을 유용한 제품으로 바꾸는 데 따르는 환경적, 사회적 발자국에다 그것을 입은 사람이 느끼는 애틋하거나 지겨운 감정도 깊이 배어 있다.

그래서 나의 낡고 오래된 티셔츠는 나의 타고난 털털함을 명백히 증명하기보다 내가 전반적으로 '환경 발자국'을 최소화하기 위해 제품 수명을 늘리는 것을 지지한다는 점을 보여준다. 그 티셔츠들을 입음으로써 나는 다양한 생태적, 진화적, 경제적 연결 고리를 함께 입는 셈이다.

2
물,
찻잔 속의 생태계

우리는 바쁜 일상 가운데서도 향기로운 차 한 잔과 함께 잠깐의 호사로운 여유를 즐기곤 한다. 그 순간엔 문득 사색에 잠겨 창밖의 자연을 느끼는가 하면 새들의 노랫소리와 나뭇잎 사이로 바람이 불면서 바스락거리는 소리를 듣기도 한다. 또 높은 빌딩에서도 구름이 자아낸 경치를 보고, 새들의 비행, 창문에 떨어지는 빗방울, 저 아래 도로를 수놓은 나무들의 푸르름도 만끽한다.

우리가 숨 쉬는 공기 역시 자연이고, 이를 정화하고 재생산하는 다양한 과정이 이루어지는 것도 마찬가지로 자연이다. 우리는 자연을 먹는다. 얼마나 많이 가공된 후에 우리 접시 위로 올라오는지는 상관없다. 물론 자연 세계의 물리학적, 화학적, 생물학적 과정들의 속도를 증가시키는 공학을 이용한 정화 처리 기술로 농축된 오염물질을 제거하기는 한다. 하지만 우리 몸에서 나온 배출물을 정화하고 재활용하는 것도 자연이다. 우리가 이미 사용한 자원들을 새로운 음식은 물론 다른 생물학적 생산성으로 재생하는 것도 자연이다. 그리고 기후를 조절하고, 영양소와 물을 순환시키고, 우리가 먹는 음식의 90%를 생산하는 토양을 재생하는 것 역시 자연의 과정이다. 물론 지금 내 손을 따뜻하게 데워주는 차 한 잔에도 자연이 깃들어 있다.

식물의 연금술과 차의 특성

차의 종류는 다양하다. 내가 가장 즐겨 마시는 차는 루이보스이긴 하지만, 여기서는 글의 의도에 맞게 좀 더 대중적인 홍차에 대해 이야기해보자.

홍차는 거의 지구가 만든 작품이라고 할 수 있다. 우리가 찻주전자에 넣거나 티백으로 이용하는 차는 중국에서 자생하는 차나무인 카멜리아 지넨시스 Camellia sinensis에서 유래했다. 서양에서 많이 마시는 홍차는 차나무 잎을 말려서 발효시킨 후 잘게 부수어서 만드는데, 홍차의 검은색은 엽록소가 분해되면서 탄닌이 만들어지는 과정에서 생긴다.

차나무 잎을 발효시키지 않은 상태인 녹차는 오래전부터 건강에 좋은 특성이 많은 것으로 알려져 있다. 사실 차나무 잎을 우려낸 차의 효능은 약 4,700년 전부터 연구·이용되어 왔다. 중국의 전설적인 황제인 신농씨는 《신농본초경》에서 차가 종기, 방광의 질병, 무기력증과 종양을 비롯한 다양한 질병의 치료에 유용하다고 했다.[10]

차나무를 비롯한 식물의 생물학적 기능은 그리 놀라운 것이 아니다. 식물들, 특히 뿌리식물이 직면하는 흥미로운 도전 중 하나는 그들을 먹으려고 하거나 감염시키려고 하는 것들로부터 도망칠 수 없다는 점이다. 또 그들은 스스로 뿌리를 뽑아내어 그들과 같은 식물들에게 가까이 가서 친해질 수도 없다. 대신 그들은 놀라운 생존 전략인 화학적 방어, 의사소통과 호르몬 시스템이라는 인상적인 진화로 가득 차게 되었다.

놀랍게도 식물은 이 복잡하고 다양한 환상적인 화학물질을 단지 물, 공기, 햇빛, 땅에서 얻은 영양분만으로 만들어낸다. 그러면서 잔여 폐기물을 만들어내지도 않는다. 인간의 고열, 고에너지 화학 제조업 과정이 인공적인 용매와 온갖 종류의 오염 부산물을 양산하는 것과 비교해볼 때 우리는 식물들의 일상적인 연금술에서 엄청난 교훈을 얻을 수 있다.

식물이 만들어내는 생물학적 활성 화학물질 가운데에는 독도 있다. 여기서 독이란 향기롭거나 역겨운 냄새를 지닌 약초나 의학적 효능이 있는 물질을 말한다. 인간은 이들의 유용한 특성들을 널리 이용해왔다. 수많은 전통 의료행위는 38억 5천만 년 진화의 과정에서 식물에 새겨진 '유전적 지능'에 밀접히 의존하고 있는 약초의 특성에 기반을 두고 있다. 현대의 많은 약들도 마찬가지다. 또한 자연적으로 만들어진 분자의 구조나 성질을 흉내 내거나 변형시킨 형태로 제약회사에서 생산하는 상당수의 약들도 그러하다.

과학 연구를 통해 인간에게 유용한 녹차의 특성이 일부 확인되었는데, 상당 부분 녹차의 강력한 항산화 특성과 관련이 있다. 가장 두드러진 항산화 구성 성분은 카테킨으로, 갓 딴 찻잎 건조 중량의 30%까지 차지하기도 한다.[11] 녹차가 건강에 주는 혜택은 정말 다양하다. 우선 혈압을 낮추고, 일부 유형의 암은 물론 심혈관 질병의 위험을 줄이며, 체중 조절을 돕는다. 또한 항균 및 항바이러스 특성이 있으며, 자외선으로부터 일정 정도 보호해주는 기능[12]과 신경을 보호해주는 특성까지 있다.[13] 차의 성분 가운데 카테킨은 통증과 구토를 억제하는 세포 메커니즘에 영향을 줌으로써 진정 효과를 주기도 한다.[14]

차의 이러한 우수성 때문에 중국에서는 오래전부터 차를 약효가 있는 음료로 즐겼다. 그러나 전 세계가 즐기게 된 것은 16세기로, 포르투갈 성직자와 상인들이 중국에서 유럽으로 차를 들여오면서부터다. 영국에서는 17세기에 차가 점점 인기를 얻게 되었는데, 차나무를 중국 너머까지 퍼트리는 데 가장 중요한 역할을 한 것도 영국이다. 영국은 중국의 무역 독점을 깨기 위해서 차나무를 가져다가 인도에 소개했다.

차 문화와 정치

소박한 차나무는 오늘날 전 세계 땅으로 옮겨 심어졌다. 차는 대부분 열대와 아열대 지역에서 생산되지만, 영국 남부와 웨일스 지역을 포함한 일부 온대 지역에서도 어느 정도 성공을 거두고 있다. 2010년 중국, 인도, 케냐, 스리랑카, 터키 등 차의 주요 생산국에서 생산된 것을 포함한 전 세계 차 생산량은 452만 톤이 넘는다.[15] 차 무역은 규모가 엄청나며, 영국에서만 6억 2,900만 파운드에 달하는 산업 규모를 이루고 있다.[16] 많은 종류의 차나무가 재배되고 있고, 찻잎은 특별히 열로 조절되는 다양한 단계의 숙성을 포함해서 여러 방법으로 가공된다. 오늘날 차는 지구상에서 물 다음으로 많이 소비되는 음료이며, 소비량으로 따졌을 때 전 세계의 제품화된 음료를 모두 합친 소비량을 뛰어넘는 지구상에서 가장 인기 있는 음료다.[17]

여러 문화권에 차 마시기와 관련한 나름의 의식이 있다. 동양의 유명한 다도(차 의례)를 비롯해 서양의 '상류사회'에서 행해지는 티 파티와 노동자 계층의 티 브레이크(일 중간에 차나 커피를 마시며 쉬는 휴식 시간-옮긴이)에 이르기까지 다양하다. 한편 미국과 캐나다에서는 차의 80%가 아이스티로 소비된다.

차와 관련한 역사를 보면 정치적으로 중요한 순간들이 있었다. 18세기에 차 밀수가 널리 행해지면서 부자들만 마시던 음료를 영국의 대중들도 마실 수 있게 되었다. 또 영국이 차무역 통제를 위해 제정한 차 조례에 반대하기 위해 1773년 미국 원주민으로 위장한 시위대들이 차를 실은 선박을 파괴한 사건이 있었다. 이를 보스턴 티 파티(1773년 12월 16일에 일어난 보스턴 차 사건-옮긴이)라고 하는데, 이후 미국의 독립혁명으로 이어졌다. 2010년에 미국에서 티 파티 운동이라고 알려진 정치적 시위가 일어났는데, 세금과 공공 지출 삭감에 대한 의제를 홍보하기 위해서 보스턴 티 파티를 다시 언급한 것이다.

이처럼 차는 지리적, 경제적, 의식적, 정치적 의미의 놀라운 결합이라고 할 수 있다. 하지만 오늘 내가 그런 많은 의미를 생각하며 차를 마시는 건 아니다. 그저 일상의 습관이랄까.

찻잔 속 물은 0.007%의 희귀한 존재

내 찻잔 속에 담긴 물 또한 특별한 이야기가 많이 녹아 있다. 아마도 이 이야기를 듣고 난 후엔 찻주전자에 수돗물을 받을 때마다 조금 더 존중하는 마음을 갖고 대할지 모르겠다.

오늘날 지구상에 있는 물의 상당한 양이 지구가 형성되고 얼마 지나지 않은 44억 년 전, 초기 지구가 식으며 형성될 때 있던 물질들이 액체 형태로 결합되어 만들어졌다.[18, 19] 이 물 가운데 일부는 혜성과 외부 소행성 벨트에서 형성된 원시 행성이 지구 초기 역사 이후 지구로 떨어져 내리면서 생겨났을 수도 있다.[20] 우리가 당연하게 생각하는 이 무색무취의 액체는 (적어도) 지구가 탄생한 때부터 존재했으며, 물리적이고 생물학적인 과정을 통해 끊임없이 순환하고 정화되어 차를 우려내기 위해 내 머그잔 속에 잠시 머물게 된 것이다.

찻잔을 채우는 담수(민물)는 매우 희귀한 존재다. 지구 표면의 71%가 물로 덮여 있기 때문에 흔히 물이 굉장히 풍부하다고 여긴다. 하지만 지구의 푸른 기운은 대체로 대기 속의 수분으로 만들어진 것으로, 지구 물 자원 1,386,000,000세제곱 킬로미터의 단 2.5%만이 담수로 이루어져 있다. 더욱이 대부분의 담수는 접근할 수 없는 깊은 대수층(땅속의 저수지)에 눈이나 얼음 상태로 갇혀 있다. 그렇기 때문에 지구상의 모든 물 가운데 극히 일부인 0.007%만이 호수, 강, 저수지나 접근할 수 있을 정도로 얕은 땅속에 있어 인간이 직접 이용할 수 있다.

전 세계 물 자원은 고정되어 있지 않고, 대기와 지표면, 초목과 동물, 지하 대수층, 지표면의 웅덩이, 습지와 시냇물, 강과 바다에서 끊임없이 순환한다. 이렇듯 물은 희귀한 존재이니 마지막 차 한 방울까지 음미할 지어다!(1부의 '목욕 시간'에서 물의 마법과 신비에 대해 조금 더 탐구할 것이다.)

찻잔 속의 재생 가능 에너지

차를 우려내기 위해 물을 끓이려면 에너지가 투입되어야 한다. 아마도 우리 집 정원에서 나뭇가지 몇 개에 불을 붙여 광합성을 통해 나무 속에 화학적 구조로 갇혀 있던 태양 에너지를 방출해 물을 끓일 수도 있을 것이다. 그러나 나는 오늘 그렇게 하지 않았다. 대신 가장 게으른 방법으로, 강에서 길어온 물이 아닌 수돗물을 주전자에 붓고 전기 플러그를 콘센트에 꽂았다. 전기 콘센트에서 흐르는 전력 역시 자연의 산물이다.

우리 집에서 선택한 전기 공급 회사는 오로지 녹색 전력만 취급하는 곳으로, 적어도 고객들이 소비하는 전력만큼은 재생 가능한 에너지를 생산할 것임을 약속하고 있다. 재생 가능한 에너지 생산 시설을 늘리는 데에 긍정적으로 기여할 수 있는 방침이다. 그러나 콘센트에서 주전자까지 흘러들어가는 전기는 전국 배전망에 공급되는 여러 에너지원의 혼합 형태인 것이 흔한 현실이다. 에너지원의 혼합에는 우리가 어디에 사는지에 따라 화력 발전, 핵 발전, 풍력 발전 등으로 얻은 전력이 포함된다.

화력 발전으로 얻은 전력은 원리상 정원에서 모은 나뭇가지를 태워 에너지를 얻는 것과 비슷하다. 화력 발전에 사용되는 석탄은 대부분 3~4억 년 전에 자랐던 우거진 늪지 숲의 잔재로부터 형성된, 화석화된 식물이기 때문이다. 이 식물들은 지금 우리에게 익숙한 세상과는 굉장히 다른 세상에 뿌리내린 것들이다. 오늘날의 잠자리와 비슷하지만 날개 길이가 65센티미터가 넘는 메가네우라라는 거대 곤충이 하늘을 날아다니고, 땅 위에는 걷기에 적응하여 훗날 양서류와 파충류가 되고 궁극적으로 공룡과 조류, 포유류의 발생을 이끌게 될 어떤 물고기 종이 있었던 세상 말이다.

석탄은 이렇게 오래전의 낯선 숲에서 죽은 초목들이 늪지에 묻혀 태양 복사를 가둔 결과 만들어진 화학물질의 결합체다. 그래서 때때로 '땅에 파묻힌 햇빛'이라고 불린다.(나중에 화석화된 햇빛을 다룬 장을 보자.) 식물 화석이 묻힌 뒤 오랜 시간 동안 지구가 나이를 먹어가면서 새로운 암석층이 생겨났다. 그 결과 엄청난 무게와 압력이 식물 화석층에서 물을 짜내고 압축하여 원래 두께의 1/10까지로 줄어들었고, 지구의 온도가 올라가면서 다양한 화학적 변형이 일어났다. 이렇게 유기질 밀도가 높아져 '에너지가 밀집된' 석탄을 태우면 (우리 집 정원에서 얻은 나뭇가지와 비교되게) 단위 무게당 매우 큰 에너지를 생산하게 된다. 이런 이유로 석탄은 거실의 난롯불부터 오늘날 전기 생산에 가장 많이 이용되는 전 세계 에너지원까지 다양한 용도로 이용된다.[21]

석탄을 태우면 '화석화된 햇빛'이 분출하면서 석탄 속에 저장되어 있던 에너지가 나온다. 그 과정에서 초기 지구의 대기 속 이산화탄소를 흡수하여 잡아둔 엄청난 양의 탄소 역시 방출된다. 이 탄소는 고대 식물들이 태양 에너지를 이용하여 대기 중 이산화탄소를 물과 융합시켜 복잡한 화학물질을 만들면서 형성된 것이다. 이렇게 아주 오래전에 지각 속에 가두어둔 다량의 탄소가 풀려나 대기로 돌아와 오늘날 지구 온난화 현상을 일으키는 것이다. 석탄의 연소는 사실상 대기를 지구 초기의 기상과 진화 상태로 되돌리는 것으로, 이로 인해 기후 위기와 같은 문제가 발생한다.

현대의 대규모 석탄 연소는 지구 온난화 말고도 다양한 미세 입자성 물질과 오염물질을 대기에 방출하는 위험을 일으킨다. 미국에서는 화력 발전소가 배출하는 가스가 매년 거의 24,000명을 조기 사망하게 하는 원인으로 알려져 있다.[22] 또 석탄을 이용한 전기 생산으로 발생하는 유럽의 연간 의료 비용이 2013년에 428억 유로에 이르는 것으로 산정되었다.[23]

이런 이야기를 현재의 에너지 생산의 문제, 결과적으로 더 깨끗한 에너지원과 관련된 환경 문제, 우리의 에너지 소비량을 줄일 필요성을 늘어놓는 잔소리로만 듣지 않기를 바란다. 그저 찻잔을 든 손바닥에 느껴지는 따뜻함이, 6미터에 이르는 거대 양서류와 9센티미터나 되는 현대 바퀴벌레의 조상 같은 동물들이 살던 원시의 숲이 햇빛을 사로잡은 일에서 비롯되었다는 사실이 얼마나 경이로운지를 깨달았으면 하는 바람이다.

정원에서 주운 나뭇가지를 태워서 에너지를 얻는 것과 화력 발전으로 생산한 전기를 이용하는 것의 가장 큰 차이는 그 규모에 있다. 석탄을 태우는 화력 발전은 오랜 세월 축적된 엄청난 양의 생물량(바이오매스)을 이용하는 것이다. 지금 내 찻잔의 열기로 변한 화석 에너지는 창밖에 보이는 녹색 나뭇잎과 같은 자연의 산물이다. 다른 점이라면 단지 석탄기의 선조 초목이 지구의 오랜 역사 동안 태양에서 내리쬐는 햇살을 이용해 유기물질을 화학적으로 결합하여 가두었다는 점이다. 오늘날의 초목도 선조 초목들과 같은 방식으로, 석탄을 태울 때 다시금 분리되어 나온 탄소의 일부를 저장하고 햇빛에서 사로잡은 에너지를 이용해 새로운 생물량을 가두어둘 것이다. 하지만 그렇게 가두는 것보다 훨씬 더 많은 양의 탄소가 배출되어 대기 중에 지속적으로 축적되면서 온실효과를 높이는 데 기여하고 있다.

풍력 발전은 에너지 생산에서 환경 문제를 덜 일으키는 긍정적인 기여자다. 풍력 발전용 터빈 역시 공기의 흐름으로 이동하는 자연 에너지를 거둬들여 전선으로 흘려보내 주전자의 물을 끓인다. 풍력 발전은 태고의 늪지 숲을 비춘 태양빛을 이용하는 것이 아니라, 지금 여기에 있는 대기 속 기체의 거대한 흐름을 에너지로 바꾸는 것이다. 이 기체의 움직임에서 나오는 에너지 역시 태양에서 비롯된 것이긴 하다. 기체의 흐름은 태양이 극지방과 적도를 다른 정도로 데우는 것과, 지구의 회전에 의해 발생하기 때문이다.

물론 풍력 발전용 터빈과 연결 케이블, 그 밖의 공학적 구조들을 만든 금속 역시 자연 퇴적과 생물학적 과정 등을 통해 지질학적 시간 동안 묻혀 있던 지각에서 채굴된 것이다. 그렇기에 이 금속들 역시 자연 세계의 일부분이다. 다만 터빈과 기어, 변압기와 케이블, 우리 집으로 들어오는 전선과 주전자의 금속 부분까지 모든 것은 인간의 독창성으로 편리하게 조작되었을 뿐이다.

핵 발전은 전국 배전망을 통해 우리 집에 공급되는 여러 에너지원의 혼합 가운데 일부다. 사용에 따른 문제가 많기는 하지만 이 또한 자연의 직접적인 산물이다. 지각에서 채굴한 우라늄 광물의 방사성 원소의 핵을 분열시켜 만들어내는 에너지이기 때문이다. 우라늄은 사실 자연에서 희귀한 원소가 아니다. 대부분의 바위에 들어있는 성분이고, 은보다 대략 40배나 더 많이 흙과 바닷물에 함유되어 있다.[24] 그러나 핵 연료로 사용하기 위해서는 우라늄이 농축되어야 하고, 원자로에서 핵반응이 조절될 수 있도록 막대 형태로 가공되어야 한다.

에너지원의 혼합은 역사적 유산이며, 우리 사회의 발전 수준과 실용적인 용도에 따라 그 혼합의 내용이 달라진다. 이 에너지원의 혼합은 바람의 변동성과 터빈을 가동하는 자원의 변동성, 더불어 수요의 변화에 맞게 조절되어 증가하거나 감소하여 우리에게 공급된다. 에너지원을 고갈시키는 전력의 수요를 더 많이 줄일수록, 더 빨리 재생 가능한 에너지원으로 옮겨 갈수록 좋다. 물론 우리가 사용하는 총 에너지 양을 줄이는 것도 필요하다.

이런 이유로 우리 가족은 지붕에 태양열 패널을 설치하여 태양빛에서 직접 도달하는 자연 에너지 흐름을 받아 전체 에너지 혼합에 더하여 사용하고 있다. 그럼으로써 오래전 화석화된 탄소의 배출로 생기는 기후 변화와 지질학적 시간에 걸쳐 지구상에 폐기물로 남게 되는 방사능 물질의 채굴을 피하는 데에 한몫하고 있다.

3
책,
내 손 안에 든 자연

책을 읽을 때 우리 손에 들고 있는 종이 묶음은 엄청난 양의 목재 펄프다. 그것이 우리 손에 책이라는 형태로 오기까지 일부는 재활용 경로를 거친 것도 있을 것이다. 그렇다 해도 목재 펄프의 궁극적인 원료는 단연코 나무다. 하지만 펄프의 재료와 처리방식은 시간이 지나면서 엄청나게 변해왔다.

종이 발명의 역사

종이는 고대 중국의 여러 발명품 가운데 하나로 발명 시기는 서기 105년 즈음 한나라 때였다고 한다. 종이의 발명가는 법원 공무원이던 채륜으로 알려져 있으며, 벌과 말벌의 집에서 영감을 받았다고 전해온다. 그러나 대략 기원전 8년에 중국 북동 지역에서 만들어진 것으로 여겨지는 것의 고고학적 발견으로 종이의 기원이 더 오래되었을 수도 있다고 추정하게 되었다.

발명 이후 종이 제작의 역사를 분명하게 추적할 수는 없지만 실크로드를 따라 서쪽으로 퍼져나간 것으로 보인다. 10세기에 이슬람교도들이 이베리아 반도와 시실리 섬에 종이를 가져오면서 유럽에 전해졌고, 1400년까지 유럽 전역에 계속해서 퍼져나갔다. 이전까지 유럽에서는 양피지, 야자 잎, 피지(양, 염소, 송아지 가죽을 가공해서 글씨를 쓸 수 있게 만든 것-옮긴이), 갈대의 일종인 파피루스를 이용해서 글을 썼다. 영어로 종이를 뜻하는 '페이퍼'의 기원이 바로 이 파피루스다.

종이가 발명되기 이전에 중국에서는 주로 뼈, 대나무, 비단에 글을 썼다. 고고학적 증거로 5세기 무렵에 마야인들도 나무껍질로 만든 종이와 유사한 재질에 글을 썼음이 알려졌다.[25] 그러나 갈대나 나무껍질로 만든 것은 엄밀히 따지면 진짜 종이가 아니다. 종이는 목재 펄프, 옷감, 그리고 섬유소를 포함한 다른 식물의 섬유로 만든 것이다.

중세 유럽에서 종이를 제작하면서 생겨난 중요한 후속 발명 가운데 하나는 수력을 이용한 기계화이다. 1411년에 포르투갈의 레이리아에 최초의 수력 제지공장이 세워졌고, 그와 더불어 종이 제작의 여러 과정들이 기계화되었다.[26]

종이 제작이 기계화되고 산업화되기 전에 가장 흔한 섬

유 원료는 낡은 삼베, 아마, 면에서 얻은 것이었다.[27] 그러나 1843년부터 종이 제작이 산업화되면서 종이의 원료가 목재 펄프로 바뀌었고, 그로 인해 넝마주이들이 모았던 재활용 재료에 더는 의존하지 않게 되었다.

종이는 인간의 필요에 다양하게 이용되었다. 글을 쓰고 그림을 그리는 매체로, 물건 포장에, 깨지기 쉬운 물건을 싸는 용도로, 장식에, 화장지와 티슈같이 깨끗이 닦는 용도로, 광고에, 그리고 돈을 만드는 데 이용되며 그 밖에도 다양한 용도로 쓰인다. 또한 종이는 인쇄에 가장 흔히 사용되는 재료다.

종이, 지식 전파의 선봉

15세기에 유럽에서 인쇄기가 발명되고 인쇄 혁명이 시작되자 유럽의 종이 생산에도 박차가 가해졌다.[28] 종이에 인쇄를 하게 된 것은 사회 발전을 위한 다양한 기여 가운데 가장 위대하다고 할 수 있다. 종이는 과거와는 달리 글자와 그림을 싼 가격에 대량으로 만들어 전파할 수 있을 뿐만 아니라 휴대하기도 쉬운 매체였다. 따라서 유럽뿐만 아니라 지구의 문명화된 세계에 변화를 불러오는 중요한 요인이 되었다.

과거에는 교육을 받았거나 특권을 지닌 소수의 사람들만이 가까이 접할 수 있었던 지식에 점차 대중들도 접근하기 쉬워졌다. 유럽의 책 생산이 4세기도 안 되는 시간 동안 몇 백만

부에서 10억 부 정도까지 늘었기 때문이다.[29] 단위 비용이 계속 줄어들자 신문과 전단지가 최초로 제작되면서 정보가 퍼졌으며, 처음으로 최신 뉴스와 소설이 사회의 더 많은 계층에게로 전달되었다.[30] 이 소박한 종이에 단어들이 인쇄된 신문이 대중의 인식을 높이는 매체가 되었으며, 지식과 정책, 선전과 오락의 전달을 담당하게 되었다.

이처럼 인쇄는 과학자와 철학자, 정치가를 비롯해 공동의 관심사를 가진 공동체의 발전에 원동력이 되었다. 이제는 누구라도 자신의 발견, 생각, 관점을 서로 공유할 수 있게 되었다. 이전에는 글을 아는 소수만이 기록된 지혜에 접근할 수 있었지만 이제 인쇄 매체는 무지에 갇혀 있던 대중들도 손쉽게 접할 수 있는 것이 되었다. 인쇄와 값싼 종이는 지식의 민주화를 이루는 중요한 요소였으며, 사회 전반에 획기적인 지식 혁명이 이루어지는 바탕이 되었다.

인쇄 기술의 발달과 그것이 사회 진보에 미친 영향에 대해서는 할 이야기가 훨씬 더 많다. 하지만 이 아주 간단한 이야기만으로도, 종이와 인쇄의 산물인 책과 신문이 사회의 문화적 진보를 이루는 데 얼마나 큰 역할을 했으며 체제에 큰 변화를 일으키는 수단이 되어왔는지 밝히기에 충분하다고 생각한다.

소중한 천연림을 위하여

지금까지 다양한 종류의 종이들이 대부분 목재섬유로 만들어져왔지만, 일부 고급 종이들은 면이나 비단의 섬유로 만들어졌다. 목재섬유는 단단한 나무와 부드러운 나무 모두에서 얻는다. 단단한 나무는 종이에 강도를 높여주는 짧고 밀도 있는 섬유를 함유하고 있는 반면, 부드러운 나무는 길고 부드러운 섬유가 대량으로 들어있다. 이 섬유 조합을 다르게 해서 다양한 송류의 종이를 제조한다.

전 세계 종이와 판지 생산량은 2017년 대략 4억 1,970만 톤인데 절반이 넘는 종이가 포장용 종이이고 1/3가량이 그래픽 용지(인쇄, 필기, 신문용 종이-옮긴이)이다. 중국, 미국, 일본이 전 세계 종이 생산의 절반 이상을 차지한다.[31] 종이 생산을 위해서는 당연히 상당한 삼림자원이 필요하며, 많은 양의 목재섬유가 국제적으로 교역된다. 영국과 같이 숲 자원(2019년 현재 13%에 달하는 영국의 국토가 삼림 지대이다)이 꽤 많은 국가들조차 대량의 목재섬유 수요를 국내에서 충당하지 못하고 국제 시장에서 조달하고 있다.

종이를 만들기 위한 목재섬유는 세 가지 기본 원료에서 얻는다. 자연의 숲에서 얻는 신선한 섬유와 나무 재배지에서 얻는 섬유, 그리고 쓰레기와 산업 부산물을 포함한 재활용 원료인데, 재활용 과정에서 섬유의 질이 나빠지기 때문에 신선한 목재섬유를 함께 넣어야만 한다. 대개 5~7번의 재활용을 거치고 나면 섬유의 질이 나빠져서 사용할 수 없게 된다. 게다가 가정용 티슈나 의료용으로 사용되는, 회수가 불가능한 종이 제품은 재활용 과정에서 빠지게 된다.

점점 더 면적이 줄어들고 있는 지구의 오래된 천연림은 소중한 자원이다. 천 년이 넘게 공진화(서로 밀접한 관계를 갖는 둘 이상의 종이 서로 영향을 주고받으며 함께 진화하는 것-옮긴이)해온 숲 시스템의 생태학적 복잡성과 생물 다양성의 가치는 쉽게 대체할 수 없다. 이들 복잡한 숲 생태계는 원주민 공동체와 전통적인 생계를 지원하고, 흙의 유실을 방지하며, 상당한 양의 탄소를 저장하여 전 세계 기후를 조절하고, 날씨 시스템에 영향을 주는 등의 중요한 역할을 한다. 한 예로, 콩고 분지의 거대 정글은 그 지역의 90%에 달하는 비를 만들고 그 비는 닫힌 순환을 통해 숲으로 다시 떨어져 내린다.

이렇게 남은 천연 숲이 사라지거나 그 기능이 약화되면 생태적, 경제적, 사회적 요인으로 인해 전 세계에 영향을 주는 재난이 일어날 수 있다. 예를 들어 동물에서 사람에게로 옮아가는 새로운 질병에 대한 천연 장벽이 약화될 수도 있다.[32] 그렇기 때문에 단기간의 수익을 얻으려고 목재와 목재섬유를 추출해 이 소중한 자원을 사라지게 하는 것은 매우 현명하지 못한 일이다. 그래서 세계적으로 삼림 파괴를 막기 위한 조치들이 시행되고 있다.

목재섬유 생산을 위한 나무 재배지는 천연 숲과 여러모로 비교가 되지 않는다. 근본적으로, 나무 재배지는 천연 숲 생태계가 인간에게 제공하는 다양한 혜택과 생태적 복잡성이 부족한 작물로 구성되어 있다. 그러나 천연 숲 시스템에 미치는 영향을 줄이면서 새로운 목재섬유를 생산한다는 의미에서 효율적이며 수익성 면에서도 좋다. 이 책의 범위를 훨씬 벗어나는 복잡한 주제인 최고의 숲 관리 시스템을 도입한다면 숲 재배지는 많은 혜택을 줄 수 있다. 적어도 야생동물의 감소를 최소화하고, 지역 경제와 공정한 경제에 도움을 주며, 경관의 안정성, 수자원의 보호를 이룰 수 있다.

종이의 순환 성질

그렇다면 책이나 신문을 읽을 때 손에 쥔 종이는 정확하게 무엇일까? 전에는 이런 식으로 생각해본 적이 없을지도 모르겠지만, 이때 우리가 들고 있는 종이는 광합성의 산물이다. 대부분의 종이를 이루는 셀룰로오스 섬유는, 앞에서 살펴본 면 티셔츠와 같이 식물 세포의 엽록체에서 일어나는 연금술에 의해 융합된 것이다. 이것은 태양으로부터 포착한 에너지를 이용해서 복잡한 당 분자에 물과 이산화탄소를 통합한 것이다. 그리고 당연하게도 종이를 태우면, 분자의 복잡한 화학적 결합이 깨지면서 햇빛에서 포착한 모든 에너지가 다시 풀려나게 된다.

산업적 종이 생산 과정에 많은 물을 사용하는 것을 비롯해 책과 신문 같은 일상적인 인쇄물에는 종이를 넘어선 많은 것들이 들어있다. 즉, 종이 섬유 사이의 빈틈을 채우는, 불활성 화학물질로 이루어진 충전재, 형광증제, 종이 생산과 인쇄 과정에서 이용되는 다양한 인공 화학물질 등이 포함되어 있다.

그러나 이 일상적인 물건의 생태계를 생각해보면, 책과 하루살이, 나뭇잎 사이에도 유사성이 있다고 할 수 있다. 어쩌면 이상한 비유일지는 모르지만, 하루살이와 나뭇잎은 모두 더 긴 생명주기 안에서 짧은 기간 살아있는 형태들이다. 책도 수명이 제한적인 유용한 형태의 물질과 에너지의 일시적인 표현이다. 특정한 순간에 특정한 기능을 수행하기 위해 비록 생물학적 진화가 아닌 기술적 독창성에 의해 일시적인 형태로 다시 설계된 경우이지만, 어쨌든 우리 손에 들린 책은 천연 물질과 에너지로 조립된 것이다.

소수의 종이 제품들은 긴 수명을 누린다. 어떤 종이 책들은 종이의 일반성을 따르지 않는다. 어떤 책들은 만들어진 지 천 년이 넘기도 했다. 그러나 대부분의 인쇄된 종이와 종이 제품들은 수명이 짧다. 특히 신문은 생산되고 거의 몇 시간 안에 쓰레기로 바뀌는 그런 제품이다.

그래서 신문이 쓰레기로 쌓이지 않고 바로 재활용할 수 있도록, 다음번의 생산적인 이용을 위한 소중한 자원으로 회수할 수 있도록 하는 것이 매우 중요하다. 오늘날 79%의 종이와 판지가 회수되어 재활용되는 영국에서는 재활용된 신문이 다시 신문으로 만들어지기까지 단 일주일이 걸린다.[33] 이는 1,300만 톤에 달하는 이산화탄소 배출을 줄이는 것을 의미하고 도로에서 백만 대의 차를 없애는 효과를 낸다. 영국에서 사용되는 신문 용지의 약 78%는 재활용된 종이이며, 골판지 포장재는 100% 가까이 재활용 물질로 만들어진다. 종이와 판지는 2017년에 무려 79%가 재활용되어 가장 많이 재활용된 물질이다.

4
소박한
밥 한 그릇

서양의 주요 선진국에서 쌀은 아주 적은 양만이 재배되고 있지만 서양 음식의 기본 식품으로 자리 잡고 있다. 서양에서 쌀은 테이크아웃 식사에 일부 쓰인다. 또한 지중해 음식 리조또와 파에야의 기본 재료일 뿐 아니라, 라이스 페이퍼로 장식한 케이크나 라이스 푸딩 같은 디저트, '라이스 크리스피' 같은 색다른 아침식사용 시리얼과 간식 등 여러 음식의 핵심 재료다. 그래서 우리는 아마도 중국에 기원을 둔 이 풀의 씨앗이 영국과 온대 지역에 있는 많은 나라들의 기본 식품이 되었다는 사실이 자연스럽게 느껴질지도 모른다.

현대 서양의 기본 식품

영국에서는 확실히 쌀을 인도 음식과 밀접하게 여긴다. 나는 인도의 여러 지역에서 일하는데, 특히 건조 지역과 반건조 지역에서 학자들, 정부, 자선 단체들과 지역 공동체에 함께 참여하여 그들이 수자원을 비롯한 자원 생태계를 잘 관리할 수 있도록 돕고 있다.

북인도 라자스탄 주의 타르 사막에서는 식사와 함께 밥 한 그릇을 제공하는 것이 깊은 존중의 표시다. 물이 귀한 라자스탄의 건조한 땅에서 물 집약적 작물인 쌀을 재배하려면 많은 물이 필요하기 때문이다. 이곳에서는 달dhal(렌즈콩을 포함한 두류 또는 그것으로 만든 다양한 수프-옮긴이), 오크라okra(아욱과에 속하는 속씨식물-옮긴이), 지역에서 자라는 특이한 채소로 만든 간단한 음식과 함께 밀로 만든 차파티(인도 등지에서 먹는 둥글넓적하게 구운 빵-옮긴이)를 가장 흔하게 먹는다.

쌀은 내가 일로 관여하고 있는 또 다른 곳인 인도 쪽 히말라야 지역에서는 아주 드물거나 거의 찾아볼 수 없다. 이는 물 공급의 한계보다는 높은 지대의 선선한 기후가 그 원인이다. 쌀은 성에를 견디지 못하기 때문에 선선한 기후에서 경작할 때는 반드시 성에의 위험이 지나갈 때까지는 실내에서 길러야 한다. 이 모든 사실로 보아, 온대 지방의 서양 국가들을 비롯한 산업화된 국가들에서 기본적으로 따라 나오는 음식으로서 우리가 별다른 생각 없이 즐기는 일상의 밥 한 그릇 속에는 훨씬 더 많은 이야기가 담겨 있을지 모른다.

지구상에서 가장 널리 소비되는 식품, 쌀

쌀은 풀의 일종인 벼과 식물의 씨앗이다. 종류가 10,000종으로 전 세계에 다섯 번째로 많으며, 꽃이 피는 식물로서 지구상에 폭넓게 분포하고 있다.

풀은 지구 생태계의 특징과 기능을 구성하는 필수 요소다. 초지는 지구를 덮고 있는 초목의 20%를 차지하는 것으로 추정되며, 다양한 종류의 풀이 사바나에서 툰드라, 숲과 습지에 이르는 넓은 범위에서 집단으로 서식하거나 널리 퍼져 있다. 풀은 또한 인간에게 폭넓고 유용하게 이용되는데, 여러 종이 방목, 음식과 가축 사료용 곡물과 건초, 바이오 연료, 대나무와 짚과 같은 건축 재료 등 여러 용도로 재배된다. 사실 벼, 옥수수, 밀, 보리, 귀리, 조 등 다양한 곡물의 재배는 농업의 토대를 이루며, 세계 정착 문명의 핵심을 이루어왔다.

쌀은 기본적으로 습지에서 자라는 아시아 벼와 아프리카 벼 두 종류의 씨앗이다. 이들 가운데 전 세계적으로 생계 수단과 상업적인 목적으로 재배되는 작물은 주로 아시아 벼다. 여러 재배 품종 가운데 두 가지 주요 아종인 찰기가 있고 짧은 모양의 품종(자포니카 또는 시니카)과 끈적임이 없고 긴 모양의 품종(인디카)이 주로 재배되는데 품종에 따라 최적의 경작 조건이 다르다. 자포니카는 대개 온대 동아시아 지역과 동남아시아와 남아시아 고지대의 건조한 땅에서 재배되며 인디카는 주로 열대 아시아와 세계의 여러 다른 지역의 저지대에서 물에 반쯤 잠긴 채 자란다.

처음에는 9,000~10,000년 전 사이에 중국의 양쯔강 유역 어딘가에서 아시아 벼가 처음으로 재배되었을 것으로 여겨졌다. 그러나 그 후 알아낸 유전적 증거로 모든 종류의 아시아 벼는 8,200~13,500년 전, 중국의 어딘가에서 야생 벼 품종(오리자 루피포곤Oryza rufipogon) 재배의 결과로 생겨났다는 사실이 밝혀졌다.[34] 이로부터 다양한 경로를 통해 벼농사가 아시아 전역, 오세아니아와 아프리카에 전파되었다.[35] 사람들에 의해 벼가 도달한 곳은 어디에서나 식량 자급력에 이바지했으며, 흔히 벼의 관리가 그들의 문화를 정의하게 되었다.

반면에 아프리카 벼는 2,000~3,000년 전 지금의 서아프리카 말리에 해당하는 북 나이저강 내륙 삼각주에서 야생 아프리카 벼의 조상인 오리자 바르티Oryza barthii를 재배한 것에서 시작되었다고 알려져 있다.[36] 아프리카 벼는 오늘날 서아프리카 전역의 기본 식품이며, 특히 은은한 견과 맛이 나는 것으로 유명하다. 이들은 또한 아시아 벼에 비해서 물 공급의 불안정, 철분 독성, 불모의 토양, 혹독한 날씨 등의 경작 조건에서 더 잘 견디는 특성을 지녔다. 게다가 다양한 해충, 질병,

잡초에도 더 큰 저항력을 보인다. 그러나 아프리카 벼의 쌀은 아시아 쌀에 비해 푸석푸석하고 산출량이 적어 상업 작물로서의 중요성은 많이 떨어진다.

오늘날 쌀은 지구상에서 가장 널리 소비되는 기본 식품이며, 세계 인구의 절반이 넘는 사람들의 주식이다. 특히 아시아에서는 경작되는 대부분의 벼가 그 지역에서 소비된다. 쌀은 오랜 세월에 걸쳐 중요한 곡물로 자리 잡았다. 인도에서는 쌀이 한때 '인류의 부양자'로 여겨지기까지 했다.[37] 쌀은 세계적으로 옥수수 다음으로 많이 생산되는 곡물이다. 옥수수와 쌀, 밀을 합치면 총 칼로리의 48%, 총 단백질의 42%를 공급하는데, 이는 세계 인구의 절반 넘게 차지하는 개발도상국의 사람들이 먹는 고기, 생선, 우유와 달걀을 모두 합친 것보다 많다.[38] 쌀은 100개국 이상에서 경작되며, 전체 경작지는 대략 1억 5,800만 헥타르이고 연간 생산량은 7억 톤(도정한 쌀로는 4억 7천만 톤)이 넘는다.[39]

의약품으로서의 쌀

쌀의 의미와 쓰임새는 음식을 넘어선다. 앞서 '물, 찻잔 속의 생태계'에서도 살펴봤듯이, 식물은 오랜 세월 진화하면서 생화학적으로 활성화된 다양한 구성 성분을 지니게 되었고, 이들 구성 성분의 일부를 사람들이 이용해왔다. 쌀은 아주 오래 전부터 전통 의약품으로서 이용되어왔다. 특히 현미에서 얻거나 쌀겨에서 짜낸 기름에서 얻은 전통적인 약 가운데 일부는 현대의 과학 연구를 통해 그 효과가 입증되었다.[40] 흔한 의학적 활용법 중 하나는 피부 질환을 치료하는 것인데, 대개 끓인 쌀을 연고 형태로 만들어 종기나 부스럼, 상처, 부기, 피부 잡티에 발랐다. 때로는 여기에 다른 약초를 첨가해 의학적 효과를 높이기도 했다. 쌀을 끈기가 생기도록 끓여 배탈, 속 쓰림, 소화불량을 다스리는 데 사용하기도 했다.

현미 추출물은 유방암, 위암, 피부 사마귀, 소화불량, 메스꺼움과 설사에, 쌀죽은 아주 옛날부터 지사제로 쓰였다. 전분이 풍부하게 들어있는 미음은 위의 내부와 점막을 보호하는 특성이 있어 췌장염, 위염, 위통 치료에 쓰였으며, 인도의 아유르베다 의술에서도 오랫동안 설사, 열, 염증, 배뇨통에 활용되어 왔다.[41]

1980년대 초반, 나는 당시에 내가 속한 대안문화집단 사이에서 인기가 있던 '자연식' 식단을 시도해보았다. 자연식의 원리는 동양 철학에 느슨하게 기초를 두고 있었다. 모든 음식이 음과 양의 요소로 이루어졌다는 내용인데 현미는 이 음과 양이 완벽하게 조화를 이룬 음식을 대표했다.

쌀은 그 밖에도 다양한 용도로 이용되었다. 세탁 풀의 원료나 비좁은 곳을 닦는 세제로도 쓰였는데, 물과 쌀알만 있으면 꽃병의 안쪽을 샅샅이 닦아낼 수 있다. 그런가 하면 전자 기기에 건조제 역할을 하고, 소금통 안에 넣으면 소금이 습기 때문에 뭉치는 것을 막을 수 있다. 인형 속을 채울 수도 있다. 과일 등을 채워 넣기 위해 속이 빈 채로 굽는 페스트리나 파이 틀에 양피지를 깔고 쌀을 담아 구우면 표면이 부풀어 오르지 않게 할 수 있다. 유제품이 아닌 쌀로 만든 '우유'도 생산된다. 쌀뜨물은 피부 세정제로 사용하기 좋다. 쌀주머니를 만들어 전자레인지에 데우면 쌀이 머금은 열기가 오랫동안 유지되어 뜨거운 물주머니 대신 몸을 데우는 데에도 유용하다.[42]

벼와 쌀은 자연의 수많은 유전적 유산 가운데 하나다. 우리 인간은 음식, 연료, 섬유, 가축의 먹이, 지붕을 이는 재료를 비롯한 건축 재료, 약, 장식 등 매우 다양한 용도로 이용하기 위해서 자연의 유전적 유산을 취해온 것이다.

문화와 생계의 조직 원리인 쌀

벼농사는 아시아와 아프리카의 약 1억 가구가 영위하는 주요 활동이자 수입원이다.[43] 가파른 경사가 있는 지역에서는 물의 흐름, 땅과 영양분을 가두고 유지하기 위해 계단식 논을 만들었다. 이 가운데 필리핀 바나웨의 계단식 논은 지역 주민들이 세대를 이어 산허리에 논을 만들어 경작해온 것으로, 2,000년이나 된 삶의 현장이다. 동아시아, 인도 아대륙,

아프리카의 일부 언덕 경사지, 비슷한 지형이 있는 남아메리카의 일부 지역에서도 비슷한 시스템이 발견된다.

수세기에 걸쳐 식량 안보를 위해 함께 경작 시스템을 돌보기 위한 공동체가 생겨났고 이들은 꾸준한 관심과 노동으로 이를 유지해왔다. 이런 식의 협력 활동은 오랜 세월 이들 지역의 공동체를 결속했다. 바나웨 계단식 논과 같은 곳은 세계의 불가사의로 여겨지며, 오늘날 그 관광 가치가 상당하다. 무엇보다 이 시스템은 지역의 공동체를 형성했고 그들의 생계를 뒷받침했다. 그리고 몬순을 비롯한 그곳의 기후 체계에 함께 적응해야 하는 주민들이 유대감을 갖고 자연의 생산 능력을 공동으로 관리하기 때문에 그들에게는 중요한 영적 의미가 형성되는 토대이기도 했다.

아시아에서는 대부분 지역에서의 소비를 위해 쌀을 생산한다.[44] 이들은 지형을 가로지르는 물의 흐름을 끌어오기 위해서 수세기 동안 내려온 전통적인 지식을 이용한다. 서양 산업의 기준으로는 '낮은 기술'로 보일지라도, 아시아 전역에 흔한 계단식 논 시스템은 놀랍도록 효율적이며, 물뿐만 아니라 토양과 영양분도 보존되는 놀라운 시스템이다. 일부 지역에서는 계단식 논을 혼합 양식으로 경작한다. 논에 물이 가득할 때 어린 물고기를 들여와 살게 하여 쌀과 함께 다 자란 물고기를 수확하는 것이다.

정교하게 잘 적응된 이 계단식 농업은 태국을 비롯해 자

바, 발리, 인도, 캄보디아, 스리랑카, 필리핀은 물론 페루처럼 멀리 떨어진 곳에서도 발견된다. 문화는 변화할지라도 계단식 논 시스템은 지속되었다.[45] 지역의 필요를 위해 땅속을 흐르는 물이나 빗물을 모으는 형태로 물을 이용하는 이런 지역화된 방식은 많은 사람들의 생계를 지원하는 가장 기본적이면서 중요한 기술이다. 그리하여 어떤 제국이 세워졌든 간에 그 위대한 문명을 뒷받침해왔다.

결코 단순하지 않은 밥 한 그릇

소박한 밥 한 그릇은 말처럼 그리 단순하지 않다. 모든 낟알은 38억 5천만 년 동안 진화해온 유전학적 유산을 갖고 있다. 쌀은 또한 아주 오랜 시간 선택을 거친 육종과 인간의 관리가 만들어낸 산물이며, 쌀을 수확하는 땅은 수천 년 동안 그 지역의 공동체와 문화를 결속했다. 광합성의 연금술을 일으키는 태양빛에 더해 주민들이 협력하여 땅과 물의 흐름을 신중하게 관리해서 만들어진 것이다. 쌀은 엄청난 가치를 전달하는 전 세계 무역을 통해 바로 이용할 수 있도록 우리에게 도착한다.

평범하고 흔하게 보일지라도 이 주식을 한 술 먹을 때마다 우리는 유전적, 정치적, 생태학적, 경제적 현실을 받아들이고 흡수하는 것이다. 또 우리가 자연에 의지해서 새로운 자원을 생산하고 소비하면서 만들어내는 폐기물을 분해하고 순환시키는 자연의 혜택과도 연결되는 것이다. 자연은 일상의 소박한 밥 한 그릇의 모든 분자들을 포함해서 우리 일상의 행복을 뒷받침하는 모든 것을 만들고, 유지하고, 개선한다.

소박한 밥 한 그릇은 결코 단순하지 않다. 그릇과 도구, 쌀을 조리할 때 사용하는 열과 물은 제쳐두고라도 말이다!

5
목욕
시간

나는 목욕을 자주 하지 않는다. 그렇다고 내가 씻지 않는다는 말은 아니다! 그보다는 너무도 정신없이 돌아가는 바쁜 일상에서는 샤워가 훨씬 편리하다는 얘기다. 게다가 샤워는 물과 에너지 같은 지구의 자원이 덜 들어간다. 그래서 목욕은 자주 호텔에서 묵게 되는 내가 '한가한 시간에' 가끔 누리는 사치다.

욕조의 뜨거운 물속에서 느긋하게 등을 대고 앉아 있는 것은 드문 사치이면서 전화와 이메일, 다른 디지털의 방해에서 벗어날 수 있는 피난처 역할을 한다. 욕조는 완벽하게 고립된 가운데 고독한 명상과 반성의 순간을 즐길 수 있는 소중한 공간이다. 욕조에 등을 기대고 우리가 일상에서 경험하는 모든 것들의 생태에 대해 생각해본다.

자연에 배수관을 연결하다

따뜻한 물속에서 나른하고 기분 좋게 있다 보면, 머릿속으로 유사과학의 세계를 여행하게 된다. 따뜻한 양수 속에 머물러 있던 배아 시절의 기억을 더듬는 것에서부터, 우리의 양서류 선조들에 대한 유전적 기억, 또는 인간이 나무 위에서 사는 유인원이 아니라 열대의 늪지대에서 생겨났다는(임산부가 포식자를 피하기 위해서 나뭇가지에서 나뭇가지로 뛰어넘으며 매달려 살았다는 믿기 힘든 시나리오와 우리가 털이 없고 피하지방이 있다는 것에서 증명된다) '수생(水生) 유인원 이론'에 이르기까지 다양할 수 있다.[46, 47] 이들은 모두 매력적이지만 대부분 추측에 불과하다. 이에 비해 목욕과 우리가 생태학적으로 연결되어 있다는 사실은 훨씬 더 확실하다.

파이프와 수도꼭지로 이루어진 급배수 설비는 지구의 지각에서 채굴한 금속으로 만든다. 이 금속은 지각 속에서 오랜 지질학적 시간 동안 자연의 과정을 거치며 파묻혀 있던 것이다. 욕조의 고분자 재질과 플라스틱 배수구 마개도 자연의 일부분으로서 석탄기 숲에서 따로 격리되고 변형된 식물성 물질을 사람의 손으로 바꾼 것이다. 그렇다. 내가 강에서 수영을 할 때나 숲을 걸을 때와 마찬가지로 욕조의 물에 몸을 담그고 있을 때도 자연에 푹 빠져 있는 것이다.

물은 실로 놀랍다. 물은 지구 표면에 존재하는 가장 풍부한 화학적 화합물로 지표면의 71%를 덮고 있다. 물은 또 우리 주위에 액체, 고체, 기체의 세 가지 상태로 흔하게 존재한다. 물은 여러 물질을 녹이기 때문에 용매로 매우 자주 이용된다. 물은 냄새도 맛도 없고, 대개 색깔도 없고(실제로 물은 아주 약한 푸른빛 기운이 돈다), 압축하기 힘들다.

이러한 다양한 특성 때문에 물은 살아있는 지구 시스템의 복잡한 작용을 구성하는 여러 화학적, 물리적, 생물학적 과정과 매우 밀접하게 연결되어 있다. 액체 상태의 물이 어떻게 반결정체인지, 물의 표면 장력이 어떻게 다양한 벌레와 곤충이 그 표면에서 걸을 수 있게 하는지, 왜 고체 상태인 얼음이 액체 상태일 때보다 가벼운지, 그래서 어떻게 호수와 강 등의 위층에서 얼음이 얼어 단열 효과를 내는 것은 물론 추운 겨울에도 물고기들이 얼어 죽지 않고 겨울을 날 수 있는지 등이 이를 잘 보여준다.

그러나 이러한 특성에 대한 질문에 답하기보다는 물이 우리 인간을 포함한 생명을 위해서 어떤 역할을 하는지에 대해 알아보는 것이 이 책의 목적에 더 합당할 것이다.

물이 액체 상태로 지구에 존재하는 까닭

지구에 있는 물의 상당량은 우주 먼지 구름이 점차 응축하고 단단한 핵과 낮은 밀도의 외부 층이 생기며 지구가 형성되면서부터 존재했다. 초기 대기는 대부분 수증기, 이산화탄소, 황 화합물, 질소와 염소, 그리고 약간의 메탄과 암모니아 분자로 이루어져 있었다. 그래서 이 가스들이 밀집한 대기에는 오늘날 '온실 가스'라고 일컬어지는 것들이 많았다.

'온실효과'라는 말은 스웨덴 과학자 스반테 아레니우스가 붙였지만, 이를 처음으로 예견한 것은 1827년 프랑스의 수학자 조제프 푸리에였다. 온실효과는 '온실 가스'가 적외선 복사를 흡수해 대기 중의 열을 가두어 지구 표면의 온도를 높이는 것으로, 마치 유리 온실처럼 작용한다고 해서 붙여진 이름이다. 그 결과 지구 대기 온도가 태양에서 약 1억 5천만 킬로미터 떨어진 곳에서 예상할 수 있을 법한 온도 이상으로 상승했다.

초기 지구의 대기는 강력한 온실 가스인 이산화탄소가 98% 가까이 차지하고 있었다. 오늘날에 비해 훨씬 더 뜨거웠는데 그 온도가 섭씨 85~110도나 되었다. 이런 높은 온도로 인해 많은 양의 물이 액체 상태가 되지 못하였고, 대기 중에 있던 수증기가 강력한 온실 가스로 작용해서 온난화 효과를 부추겼다. 그러나 지구가 진화하는 동안 대기가 서서히 냉각되었고, 물도 점차 구름으로 응축된 뒤 액체 상태의 비가 되어 지각 위로 떨어졌다. 그렇게 물의 순환이 시작되었고, 오랜 시간 풍화 작용과 새로 생겨난 생명의 작용을 통해 지각은 흙으로 덮이게 되었다.

온실효과가 없었다면 일어나지 않았을 이 적정한 온난화 과정이 오늘날 물이 얼음이 아닌 액체 상태로 지구에 있게 해주었다. 지구의 풍부한 수자원은 생명체의 발생과 확산을 도왔다. 또한 상호작용을 통해 오늘날 온실 가스의 균형뿐만 아니라 대기의 '오존층'까지 유지하여 태양에서 오는 유해한 수준의 자외선을 막음으로써, 물속과 지표면에 생명이 계속 증식하게 해주었다.

이것이 지구의 생명 유지 과정과 생명의 상호 의존으로, 영국 과학자 제임스 러브록과 미국의 진화생물학자 린 마굴리스가 발전시킨 가이아 가설이다. 가이아 가설은 전체 지구 시스템을 일종의 자기 규제를 하는 슈퍼 생명체로 여기는 이론이다. 물은 모든 생명체에 꼭 필요하다. 심지어 물이 삶을 가능하게 한다고 해도 그리 과장된 표현이 아니다.

지구를 풍요롭게 하는 물의 순환

전 세계 수자원의 단 0.001%가 대기 중에 존재한다.[48] 대기 중의 수증기는 여러 온실 가스 가운데 가장 강력해서 지구의 온도를 조절하는 중대한 역할을 계속한다. 물의 천연 온실효과와는 반대로 보통 밝은 빛을 띠는 구름은 태양의 복사를 반사하는데 그 결과 구름의 높이와 종류, 광학적 특성에 영향을 받는 기후 시스템에 냉각 효과를 불러온다.(이 반사

율을 '알베도'라고 한다.) 물의 순환은 대기권의 가장 낮은 층인 대류권에서 발생하는 날씨 시스템의 중요한 요소다.

또한 물의 순환은 지구와 그 생태계 구조를 형성하는 가장 기본적인 과정이다. 물과 날씨의 작용에 의해 바위와 토양은 더 작은 조각으로 잘게 부서져 결국 화학적 구성물질이 된다. 빗방울이 주변 공기에 있는 이산화탄소를 흡수하면 빗물이 약한 산성이 되는데, 그러면 물의 부식과 용해 능력이 커진다. 이러한 물에 녹아서 방출된 퇴적물 입자와 화학적 구성물질은 생명체에 들어가 생물권(생물이 서식하는 범위)에서 순환하게 된다.

수권은 모든 담수와 소금기가 있는 바닷물 등 지구 표면의 물은 물론 지하수까지 포함하여 일컫는 말로, 대기권과 밀접히 상호작용을 해서 기후를 형성하고 날씨 변화를 일으킨다. 대기권과 바다는 수증기, 열, 다양한 기체를 비롯하여 여러 구성 성분을 상호 교환한다. 그리고 이를 통해 증발과 액화, 구름의 형성, 강수, 땅 위를 흐르는 빗물과 날씨 시스템을 통한 에너지 전달 등의 중요한 기후 과정에 기여한다.

한 가지 예로, 폭은 수백 킬로미터에 불과하지만 길이는 수천 킬로미터에 이르는, 대기권 내의 수분이 응집되어 이루어진 '대기의 강atmospheric river'은 특히 수증기를 먼 거리로 이동시키는 데 중요한 역할을 한다.[49] 커다란 대기의 강은 지구상에서 가장 큰 아마존 강보다 더 큰 흐름을 실어 나를 수도 있으며, 북반구와 남반구 사이에서 90%가 넘는 수증기를 운반하는 것으로 알려져 있다.[50] 대기의 강은 점점 더 여러 지역에서 홍수를 일으키는 원인으로 지목되고 있다.[51,52]

또 우리가 숨 쉬는 공기에 있는 산소 함량의 50~85%가량은 해양 식물성 플랑크톤(바닷물 속에 부유하는 아주 작은 식물들)이 생산한다.[53] 이처럼 지구의 모든 구성 요소와 물의 순환 사이의 복잡한 상호작용은 다양한 피드백 시스템을 이루고 있다.

어디에나 있지만 너무 부족한 물

지구상에는 대략 1,386,000,000세제곱 킬로미터에 달하는 굉장히 많은 물이 있다.[54] 그러나 이렇게 풍부해도 담수는 부족한 자원이다. 지구 전체 수자원의 단지 2.5%[55] 또는 3.5%[56]만이 담수다. 게다가 지구 수자원의 1.7%(약 절반 정도의 담수)는 만년설, 빙하에 갇혀 있고, 0.22%는 땅얼음과 영구동토에, 그리고 0.001%는 흙 속 습기의 형태로 존재한다.[57] 또 세계 자원의 0.001%는 대기권에, 0.0001%는 생명 활동에 포함되어 있다. 세계 자원의 0.76%가 지하수이지만, 이중 상당 부분은 땅속 깊은 곳에 있거나 아예 접근할 수도 없다. 0.0008%는 늪의 물, 0.0002%는 강, 0.007%는 담수호다. 혼란스러운 이 모든 통계를 마주하며 한 가지 확인할 수 있는 것은, 물이 어디에나 있지만 인류가 사용할 수 있는 물은 아주 적은 양이고 그마저도 지역 편차가 심하다는 사실이다.

부족한 담수 자원이 인류에게 중요하다고 말하는 것으로는 그 실상을 실감하기 어렵다. 하지만 우리 몸만 살펴보아도 확연히 느낄 수 있다. 나이와 성별에 따라 다르지만 인간의 몸은 55~78%가 물로 이루어져 있다. 이 체내에 존재하는 물의 2/3는 우리 몸의 세포 속에 있고, 나머지는 세포들 사이에 그리고 혈액 속에 있다. 이 몸속의 강을 통해 우리는 매일 적어도 2.5리터의 물을 순환시킨다. 우리가 숨을 내쉴 때 나오는 습기와 땀, 소변, 대변을 통해 자연으로 다시 내보내고, 먹고 마셔서 얻는 물로 그 빈자리를 채운다. 이렇게 꼭 필요한 물의 순환으로 우리는 다른 생물들만큼이나 '물의 아이들'이 된다.

물과 문명의 진화

지역의 기후 조건은 물의 흐름과 이용 가능성에 영향을 준다. 그리고 이는 우리가 어떤 작물과 가축을 기를 수 있는지, 어떤 음식을 먹는지와 같은 생활 방식과 자연 경관에 큰 영향을 미친다. 나아가 물은 지역의 문화와 문명을 형성하는데 매우 큰 역할을 한다.

약 6,000년 전 무렵, 지금은 이라크를 관통하며 흐르는 티그리스강과 유프라테스강 사이 메소포타미아 지역에 우루크라는 도시가 있었다. 이 도시에서 번성한 세계 최초의 기록 문명은 물을 다루는 이야기가 중심을 이룬다. 물의 흐름을 활용해 작물을 재배하게 됨으로써 사람들은 매일 식량을 사냥해야 하는 힘들고 단조로운 일에서 벗어나게 되었고, 이에 따라 정착과 사회 분화가 가능해졌다. 물을 통제하는 것은 문명을 지속적으로 발전시키는 밑받침이 되었지만, 많은 경우 물의 오남용과 그 속에 녹아 있는 해로운 물질의 축적과 토양 오염으로 문명이 몰락하기도 했다.[58]

인구 밀도가 낮은 정착지에서는 가정에서 소비하기 위해 그저 강이나 호수, 우물의 물을 이용하면 됐을 것이고, 배설물 처리를 위해서는 구덩이를 파는 것으로 충분했을 것이다. 그러나 인구 밀도가 높아지면서 생활과 경작에 유리한 수역 근처에 사람들이 모이고 자손이 늘면서 많은 문제가 생겨났다.

'수력 문명'은 독일계 미국인 역사학자 칼 비트포겔이 1957년에 만들어낸 개념으로, 그의 책에 다소 인종적 편견이 드러나기는 하지만 매우 통찰력 있는 개념이다.[59] 요약하자면, 물을 바로 곁에서 사용할 수 있는 곳에 정착한 것이 아닌, 거주하는 지역으로 물을 끌어오는 방법을 익힌 문명을 의미한다. 현대 도시는 식량과 에너지, 원자재의 공급, 폐기물 처리와 그 밖의 여러 필요 때문에 물을 충분히 사용하지 않고서는 지탱할 수 없다. 하지만 인구 증가와 도시의 확장으로 거주지는 점점 더 내륙으로 다가가고 있다. 따라서 공학 기술을 이용하여 배관 시설을 만들어 물을 끌어와서 공급해야 한다.

깨끗한 물을 사람들이 사는 집까지 끌어오는 기술은 '중공업'에 가깝다. 배관 시설을 통해 강과 지하에서 물을 끌어와서 사용 가능하도록 처리하고, 어떤 경우에는 강에 거대한 댐을 건설하기도 한다. 하지만 이러한 노력도 자연이 주는 기본 자원, 천연수의 저장과 정화 등에 기여하는 자연적 과정이 뒷받침되어야 한다. 또 수자원을 유지하기 위해서는 폐수와 함께 오염물질이 배출되는 물 생태계의 정화능력을 넘어서지 않도록 해야 한다.

이를 위해 폐수가 자연에 배출되기 전에 잠재적으로 문제가 될 수 있는 물질과 병원체의 양을 줄이기 위해 폐수 처리 기술을 활용하는데, 이때에도 자연의 미생물 처리 과정의 도움을 받는다. 폐수가 흘러들어가는 자연의 물에서 '정제하는' 자연적 과정이 일어나서 마침내 우리가 다시 사용할 수 있는 상태로 돌아간다. 그러니까 오늘날의 거대한 물 관리 기술은 엄청난 인구를 지탱하고 도시를 유지하는 기술적 정교함을 갖추었지만, 따지고 보면 전적으로 자연의 물 흐름에 의지하는 능력이 커졌을 뿐이라는 이야기다.

물의 흐름을 이용한 친환경 도시

콘크리트를 쏟아 붓는 '경직된 풍경'으로 접근했던 도시 계획에 대한 반성으로 물에 대한 관심과 더불어 새로운 '친환경' 도시 디자인이 발전하는 중이다. 녹색과 친환경 기반 시설[60, 61], 지속가능한 배수 시스템[62], 지역사회의 숲[63], 거기에 친환경 지붕[64]과 빗물 정원[65] 같은 기술까지 다양한 사례가 있다.

오스트레일리아와 싱가포르와 같은 여러 나라에서 물 민감형 도시설계Water Sensitive Uran Design, WSUD라는 개념이 도시 계획과 공학에 널리 사용된다. 이 개념을 폭우, 지하수, 폐수와 급수 설비의 관리에 도입해서 도시를 디자인하여 환경의 질적 저하를 최소화하고 미학적인 매력과 도시의 활기를 증진한다.[66] 예를 들어, 시드니 대도시 집수지 관리 기관Catchment Management Authority, CMA[67]은 이 프로그램을 통해 '물에 민감한 도시'로의 전환을 돕고 있다.

이 모든 '친환경' 기술들은 물 시스템과 생태계가 제공하는 다양한 혜택을 유지하고 재건하기 위해 자연의 과정을 모방하고 이용하는 것이다. 홍수에 대한 자연적 통제, 지하수의 회복, 오염 방지, '친환경 공간'의 공급, 탄소 격리, 도시 '열섬'의 제거 같은 혜택들 말이다. 친환경 기술의 활용은 도시에 약간의 녹지를 조성하고 물에 대한 접근도를 높여 도시 생활의 복지를 향상시키려는 열망을 훨씬 넘어선다. 뉴욕시의 '친환경 사회기반시설 계획'은, 전통적으로 중공업에 의존하는 '회색 일색'을 넘어서는 친환경 사회기반시설의 확충으로 매년 약 15억 원이 절약된다고 기록하고 있다.[68] 물과 녹지 공간에 접근성이 높아지자 주택의 가치가 약 8%[69] 상승했으며 홍수의 위험을 더 잘 관리할 수 있게 되었다.[70]

물의 세상

자연 환경 속의 물은 우리가 사는 곳의 모습에 큰 영향을 미친다. 때로는 물과 관련한 이름 짓기로 그 특징을 드러내기도 한다. 물과 인류는 물리적으로나 감정적으로나 결코 따로 떼놓을 수 없다. 우리의 도시 풍경, 쇼핑몰, 상업지구, 다양한 도시 시설에 물을 끌어오는 방식에도 이러한 관계가 반영되어 있다는 것이 하나의 예다.

스페인 그라나다의 알함브라 궁전의 연못, 중국 베이징의 자금성 바깥의 호수, 영국 런던 트라팔가 광장의 인상적인 분수 등 물은 전 세계 여러 도시의 힘과 부를 연상시킨다. 또 아일랜드의 성스러운 작은 샘부터, 인도인이나 전 세계 10억 힌두교도는 물론 많은 사람들이 성스럽게 여기는 장엄한 갠지스강에 이르기까지 정신적이고 문화적인 의미를 지니기도 한다. 강과 위대한 물의 순환은 단순히 화학물질, 에너지, 생물만 실어 나르는 것이 아니라 의미와 역사, 미래를 향한 열망을 담고 있기도 하다.

　욕조에 기대어 앉아 물에 잠긴 채 마음을 정화하고 이완시켜주는 강의 특성을 음미한다. 강의 흐름은 가스 구름이 응축되어 우리의 작고 푸른 행성을 형성하면서 시작되었고, 생태계와 인간의 역사 속에서 강의 여행은 계속되었다. 그 덕분에 나는 이 욕조 가득한 지구의 물을 통해 생물이건 무생물이건 이 모든 자연과 연결되는 것이다. 욕조의 물은 영양소, 탄소, 에너지와 우리 몸에서 나온 때와 같은 여러 물질을 모두 담고 있는 거대한 지구의 물 순환을 통해 이동하여 인간의 기술에 의해 잠시 보관되고 데워진 것이다.

　나는 삶의 압박에서 벗어나는 피난처로 욕조 안의 조용한 공간을 즐기는지도 모른다. 매순간 지구의 공기로 숨 쉬며 살다가 결국에는 흙 속에 누워 점차 부패하면서 스러져 가겠지만, 그럼에도 지금 이 순간 물속에 있는 나와 내 삶은 두말할 나위 없이 소중하다.

6
소리를
느껴봐

"우주에서는 아무도 네 비명을 들을 수 없어."

리들리 스콧 감독의 1979년 SF 영화 〈에일리언〉에 나오는 유명한 대사다. 블록버스터였던 이 영화는 속편이 세 편이나 만들어졌고, 이론의 여지는 있지만 새로운 장르의 씨를 뿌렸다고 할 수 있다. 여기서 정말 흥미로운 점은 이 대사가 환경적 사실에 기반을 두었다는 것이다. 진동을 전달할 환경이 없다면 소리도 없다.

여러 장르의 다양한 음악, 벌이 웅웅거리는 소리나 새들이 지저귀는 소리, 인간이 만든 악기 소리나 자동차 소리, 개가 짖는 소리나 사람 말소리, 시끄러운 공사 소음이나 폭풍 소리까지, 소리는 우리 주위 어디에든 있다. 너무 구석구석 스며있어서 우리는 그것이 무슨 소리인지 그리고 어떤 의미인지 궁금해하지 않고 그냥 흘려보내는 경우가 많다. 하지만 소리에도 생태학이 있다면 솔깃하지 않을까?

소리와 소음

다소 딱딱한 물리학적 설명으로, 소리는 전달 매체를 통해 음파의 형태로 전달되는 진동이다. 이 전달 매체는 공기처럼 기체일 수도 있고, 액체나 고체일 수도 있다. 전달 매체를 타고 오는 이 진동이 우리 귀의 바깥 부분인 외이에서 고막까지의 좁은 공간을 통과하고, 서로 연결된 세 개의 작은 뼈가 있는 중이를 지난 후, 내이의 달팽이관 속 신경 세포에 닿는다. 거기서 진동이 전기 신호로 바뀌는데, 이 전기 신호는 청각피질(사람을 비롯한 척추동물 뇌의 측두엽 부분)을 통해 우리가 느끼는 소리로 해석된다.

인간의 경우 들을 수 있는 진동의 스펙트럼(범위)은 대략 20헤르츠(주파수의 단위로 1초 동안 발생하는 진동의 개수)에서 20,000헤르츠(20킬로헤르츠) 사이로, 나이를 먹으면서 더 높은 주파수에 대한 감수성이 떨어진다. 20킬로헤르츠보다 높은 음파를 초음파라고 하는데 사람은 들을 수 없다. 20헤르츠보다 낮은 소리는 초저음파라고 하며 이 역시 사람은 들을 수 없는 물리적 진동이다. 다른 동물 종들은 그들의 생활 방식에 맞게 다양한 청력 범위를 갖고 있다. 예를 들어 일부 박쥐 종은 200킬로헤르츠까지 들을 수 있지만 10킬로헤르츠 이하로는 잘 듣지 못한다. 반면에 고래는 대개 음속보다 느린 30헤르츠에서 8,000헤르츠(8킬로헤르츠)까지 듣는다.

소리는 사람의 감정을 좋게도 나쁘게도 자극한다. 예를 들어 새들이 지저귀는 감미로운 음색이나 좋아하는 음악을 들으면 기분이 좋아지고 위로가 되거나 영감을 받는다. 반면에 길거리에서 사람들이 싸우며 내는 시끄러운 고함 소리, 낮게 날며 공기를 가르는 비행기의 굉음, 폭발음을 내는 차의 엔진 소리 같은 부류를 우리는 '소음'이라고 한다. 음향 전문가가 정의한 소음은 그저 '듣고 싶지 않은 소리'이다.

이른 아침 창밖에서 들려오는 정겨운 새들의 지저귐은 우리를 잠에서 깨울 수도 있고 따분한 일상에 영감과 희망을 줄 수도 있다. 반대로 지속적인 살충제 살포의 위험을 경고한 레이첼 카슨의 책 제목 《침묵의 봄》(1963년 출간)은 매우 효과적인 청각적 비유다. 인류에 의해 독살되어 새들의 친근하고 희망찬 지저귐이 사라진 봄은 틀림없이 끔찍할 것이다.

그런데 새들의 경쾌하고 정겨운 지저귐도 달리 생각해볼 필요가 있다. 왜 잠재적으로 먹이가 될 수 있는 동물이 공중에 대고 자신을 알리는 걸까? 왜 종종 높은 나무 꼭대기의 횃대에서나 높은 가지에서 자신을 찾아내기 쉽도록 눈에 띄게 소리를 내는 걸까? 이렇게 하는 그럴싸한 생존의 이유라도 있는 걸까?

소리를 이용하는 동물들의 갖가지 생존 전략

어스름한 시간에 새가 지저귀는 것은 매처럼 시각에 의존하는 대부분의 포식자들을 따돌리는 교활한 전략이다. 그러나 여전히 위험이 따른다. 그렇지만 새들의 노래, 그들이 자아내는 아름다움은 새로운 하루를 시작하면서 영토의 소유권을 주장하는 선언이기도 하고 번식기에는 짝짓기 상대를 애타게 부르는 구애 행위로, 꼭 필요한 것이다.

강 주변으로 쏘아 올리는 물총새의 커다란 울음소리는 공격 의도를 갖고 있는 잠재적 침입자에게 자기 영토를 지키겠다는 결연한 의지 표명이자 경고다. 마찬가지로 호랑이의 으르렁거림, 사자의 포효, 수사슴의 울음소리는 경고일 때도 있고 짝짓기 상대를 초대하는 것일 때도 있다. 방울뱀은 꼬리를 흔들어 소리를 내며 경고하고, 지빠귀과의 검은새는 울부짖으며 같은 종의 동물들에게 위험을 알린다.

소리는 냄새와 달리 한 방향으로 흐르고 속도가 빠르기 때문에 여러 동물들이 앞으로 나아갈 때 소리를 이용한다. 박쥐가 칠흙 같은 어둠 속에서도 방향을 찾는다는 것은 널리 알려진 사실이다. 알려진 박쥐 900종 가운데 대략 절반이 넘는 박쥐들이 반향 위치 측정을 이용해서 나는 동안 장애물을 감지하고, 보금자리를 찾아가며, 먹이를 구하러 다닌다. 반향 위치 측정의 본질은 박쥐가 자신이 지닌 음파 측정 기능을 활발하게 이용해서 소리로 '보는 것'이다.

박쥐는 일반적으로 후두를 통해서 음향 신호를 내보내는데 일부는 혀를 차는 소리를 내기도 한다. 이렇게 내보낸 소리가 물체에 부딪혀 반사되어 돌아오는 것을 감지해서 반향위치 측정을 한다. 박쥐 종에 따라 이 소리의 주파수가 다른데, 20헤르츠에서 높게는 200킬로헤르츠에 이르기도 한다. 인간이 들을 수 있는 음역대를 훨씬 뛰어넘는 것이다.

박쥐의 이런 능력은 발견 당시 놀라움을 자아냈다. 소리가 인간의 감각 이상으로 확장될 수 있다는 사실을 알기 전이었기 때문이다. 그러나 박쥐는 소리로 방향을 찾는 일부 뾰족뒤쥐와 텐렉Tenrec(고슴도치와 비슷한 마다가스카르 산 식충 포유류)과 같은 몇몇 포유류 가운데 그저 한 집단일 뿐이다. 야행성 기름쏙독새와 일부 금사연(금빛제비라고도 한다-옮긴이)을 포함해서 야행성 새들 가운데도 반향 위치 측정을 하는 새들이 있다.

고래와 돌고래 역시 물속에서 반향 위치 측정을 한다. 물은 공기에 비해 소리 전달 면에서 장점이 있다. 물의 밀도가 큰 덕분에 물속에서는 소리가 4배 반이나 빠르게 이동한다. 어떤 고래의 노래는 수천 킬로미터가 넘는 범위에서 감지되기도 한다. 일반적인 음파 탐지의 원리가 물속에서도 적용되는데, 담수와 염수의 물리적 특성 때문에 소리의 주파수가 박쥐가 사용하는 것보다 훨씬 낮다.

다양한 어류 집단은 음향이나 다른 진동 신호에 대한 감수성이 높아서 주위의 물체를 압력파로 감지한다. 물고기가 이용하는 압력파는 일반적으로 우리가 소리라고 하는 것보다 더 낮은 주파수이다. 우리는 느낌과 소리를 구분하지만 물고기는 이 둘이 중첩되는 경향이 있다. 일부 어류 집단에 있는 부레는 부력을 조정하는 공기가 차 있는 기관으로 주위를 둘러싼 물속의 소리를 증폭해서 감지한다.

대부분의 어류는 매우 정교한 청측선계acoustico-lateralis system가 있는데, 전형적으로 옆줄의 형태지만 구멍이 몸 전체에 있기도 하다. 시각을 잃은 피라미와 다른 어류를 대상으로 실험을 한 결과 여전히 그들이 사는 환경에서 방향을 찾으며, 동굴에 사는 수많은 물고기 종은 칠흑같이 깜깜한 곳에서도 방향과 먹이를 찾았다. 개구리와 같은 일부 양서류도 옆줄 기관이 있지만 올챙이에서 성체로 자라면서 그 신경 연결이 사라진다. 더는 물속에서 먹이를 찾지 않아도 되기 때문이다.

낮은 주파수의 소리를 감지하는 또 다른 동물도 있다. 예를 들어 지렁이는 빗방울이 떨어지는 소리를 감지해서 흙 표면으로 나와 식량으로 사용할 유기물질을 찾는다. 또한 빗방울 소리를 탈수의 위험이 없을 때 근처에 있는 다른 지렁이와 짝짓기를 할 수 있다는 신호로 삼는다. 지렁이의 이런 행동은 검은새, 일부 갈매기를 비롯한 새들에게 악용된다. 이 새들이 땅 위에서 뛰고 발을 굴러서 마치 비가 내리는 것처럼 흉내 내어 그 소리를 감지하고 땅 위로 올라온 지렁이를 잡아먹는 모습을 관찰할 수 있다.

심지어 더 낮은 소리 주파수를 이용하는 동물도 있다. 사번충deathwatch beetle은 나무에 구멍을 파는 딱정벌레 종으로, 오래된 건물의 목재에 모여 사는데 목재를 두드려 짝짓기 상대를 끌어들인다. 여름밤 오래된 건물의 서까래에서 시계처럼 똑딱거리는 소리가 들리기도 하는데, 그래서 영어로는 데스워치(임종을 지켜봄이라는 뜻-옮긴이)라는 이름이 붙게 되었다. 사번충이 내는 소리가 고요한 밤, 죽어가는 이를 위해 침대 옆에서 조용히 기도드릴 때 가장 잘 들린다고 여겨 오랫동안 죽음의 전조와 연결해온 것이다.

소음이 야생동물에 미치는 영향

소음이 인간의 활동으로 발생하고 특히 기계화의 결과로 인한 것이라면 단지 인간만이 아니라 야생동물들에게도 피해를 준다.

2020년 인도에서 코비드-19 팬데믹으로 통제를 하는 동안 뭄바이, 델리, 자이푸르 같은 대도시에 사는 내 친구들은 공기와 강이 전례 없이 맑고 깨끗해졌을 뿐만 아니라 새들이 도시로 돌아온 것에 주목했다. 소음과 북적거림은 과거에 새들을 도시에서 쫓아낸 주요 원인이었다. 심지어 도시 가까이에서 몇 십 년 동안 보이지 않던 갠지스 돌고래까지 목격되었다는 이야기도 들었다. 하지만 실제로 사라졌던 돌고래가 돌아온 것인지 아니면 물의 투명도가 향상되면서 가시성이 좋아졌기 때문인지는 확실하지 않다.

어쨌거나 보트 운행이나 주위 땅 위에서 벌어지는 활동에 의해 생겨 물속까지 전달되는 소음 때문에 반향 위치 측정을 하는 동물들이 우리 가까이 오지 못한다. 이런 소음은 반향 위치 측정을 교란해서 고래나 돌고래에게 해를 끼치는 것으로 알려져 있다. 여기에는 해군에서 사용하는 음파탐지기(소나)의 강력한 영향도 포함되는데, 일부 거대한 고래가 오도 가도 못하게 된 상황을 만든 것이 바로 음파탐지기였다. 소리가 미치는 생태학적 영향에 대한 일부 연구에서, 소음 공해가 애벌레의 심장박동을 가속화하고 일부 새들의 경우 한 번에 낳는 알의 수와 크기를 줄인다는 사실도 발견했다. 우리가 알지 못하는, 소음이 자연 세계에 미치는 영향은 분명히 훨씬 더 많고 엄청날 것이다.

소리와 인간의 행복

소음 공해가 야생동물들뿐 아니라 인간에게 미칠 수 있는 영향에 대해서는 제대로 인식되지 않았다. 2000년대 초반 영국의 환경 장관이었던 마이클 미처 하원 위원은 소음을 "간과된 오염물질"이라고 표현하면서 경각심을 주려 했지만 지금까지 크게 변한 것이 별로 없다.

세계보건기구는 환경 소음으로 인한 질병이 공기 오염 다음으로 두 번째로 많이 발생한다고 발표했다. 소음은 복잡한 문제이기 때문에 이런 형태의 오염을 다루는 것 역시 까다로운 일이다. 가장 일차적이고 직접적인 피해는 짜증 혹은 성가심을 자아내는 것인데 이는 주관적인 경험이다. 나아가 소음은 흔적을 남기지 않으며, 여러 가지 일상적인 원인이나 규정하기 어려운 다른 요인에서 비롯된다.

소음이 우리 마음을 '산만하게 한다'고 말하지만, 사람들은 또한 소음 속에서 살면서 오랜 시간에 걸쳐 '익숙해져 있다.' 그러나 과학 연구가 늘어나면서 도시에 흔한 보통 수준의 소음에 장기간 노출되면 소음의 원인과 자신에게 미치는 영향에 대해서 의식적으로 인지하고 있는지에 상관없이 스트레스와 혈압이 높아질 수 있다는 사실이 밝혀졌다. 이러한 요인들은 심장 질환과 여러 부작용을 불러올 수 있다.

바닷가에서 들려오는 리듬감 있는 파도 소리는 우리 마음을 차분하게 해준다. 그리고 엄마 배 속에 있는 아기를 달래는 데 고래의 노랫소리를 들려주라고 권한다. 숲에서 후드득 떨어지는 빗방울 소리, 여름 산들바람에 포플러 나뭇잎들이 흔들리며 사각거리는 소리, 이른 아침에 들려오는 새들의 합창은 기분을 좋고 상쾌하게 해준다.

미국의 사회생물학자 애드워드 윌슨이 정의한 '생명애

Biophilia'는 자연이나 다른 생명과의 연계를 찾는 인간의 본능을 말한다. 그래서 인간이 자연에서 멀어지는 것은 필연적으로 스트레스와 정신적 고통의 원인이 될 수 있다고 말한다.[71] 그러니 우리가 자연의 소리를 사랑하도록 오랜 시간 진화하면서 생겨난 자연스러운 친밀감은 놀랄 만한 일이 아니다. 자연의 소리가 인간의 '투쟁 또는 도피 반응'(긴박한 위협 앞에서 자동적으로 나타나는 생리적 각성 상태-옮긴이)을 감소시킨다는 발견도 마찬가지다. 더군다나 평화롭고 조용한 자연의 소리는 치유의 힘이 있고, 마음을 편안하게 해주며 스트레스를 풀어준다. 우리가 만들어낸 아주 많은 소리들 역시 그러하다.

인류 역사는 '소울 음악'에도 많은 자리를 내주었다. 1950년대와 1960년대 미국에서 등장한 아프리카계 미국인의 소울 음악뿐만 아니라, 장르를 막론하고 평화롭고 행복감을 주는 음악을 '영혼을 위한 음악'이라 표현한다. 피타고라스가 이야기한 '천체의 음악' 역시 조화롭고도 정신을 북돋는 경험과 관념에 대한 비유라고 할 수 있다. '유성 영화'가 개발되기 전에는 무성 영화의 감정을 풍부하게 전달하기 위해서 피아노를 비롯한 악기를 극장에서 라이브로 연주했다. 이후 현대 영화음악은 감각적 경험의 중심에 자리하고 있다고 할 수 있다. 흔히들 천국에는 영혼을 위로하기 위한 천사들의 하프 연주단이 있다고 하는데, 이런 인식 역시 인간의 경험에 영향을 주는 소리의 역할을 나타낸다.

국제 새벽 합창의 날

소리는 우리를 서로와 그리고 우리를 둘러싼 세상과 연결해준다. '침묵의 봄'은 여러모로 틀림없는 비극일 것이다. 아침에 갓 눈을 떴을 때 반쯤 잠에 빠져 있는 그 달콤한 시간에 나는 과학으로 가득 찬 내 마음을 잠시 쉬게 하면서 새벽의 교향곡을 음미하며 행복에 빠져든다. 초서에서 버나드 쇼에 이르기까지 시인들은 새들이 노래하는 새벽의 합창을 찬양했다. 새의 노랫소리는 본 윌리엄스와 베토벤, 비발디, 벤저민 브리튼이 작곡한 다양한 음악에 영감을 주었다.

5월 첫 번째 일요일은 국제 새벽 합창의 날International Dawn Chorus Day이다. 이날은 자연의 위대한 교향곡을 즐기는 축제일로, 전 세계 사람들에게 일찍 일어나 새벽의 음악적 파노라마를 경험해보라고 독려한다. 많은 사람들이 이 자연의 교향곡을 듣게 되었지만 아직도 아주 많은 사람들이 듣지 못하는 이유는 이날의 새벽 합창이 영국에서 새벽 4시 가까이에 시작하기 때문이다. 사실 현실적으로 '국제'라는 꼬리표는 주로 영국의 발명품이다. 남반구에서 5월은 가을이고 벌써 겨울로 가는 채비를 하는 시기이기 때문이다.

인간이 붙인 꼬리표가 무엇이건, 어떤 생물학적 기능이 있건 새벽의 합창은 아름답고 경이로우며 자연 세계가 주는 공짜 선물이다. 새벽의 합창은 영혼을 위한 위안이며, 그래서 그것을 들으면 우리 마음속에 있는 그 어떤 근심과 걱정도 가벼워진다. 새들과 함께 잠에서 깨어나는 것은 정말 멋진 일이다.

우리를 둘러싼
자연의
생태학

2부

1
신선한 공기를
마시다

우리는 스스로를 땅 위의 동물 혹은 어쩌면 '목욕 시간' 장에서 표현한 대로 '물의 아이들'이라고 생각할 수 있다. 그러나 현실적으로, 우리는 깨어 있을 때나 자고 있을 때나 모든 순간에 우리를 둘러싸고 있는 기체와 에너지 바다의 주민이다. 우리와 떼려야 뗄 수 없는 관계인 공기를 우리는 거의 의식하지 못하며 지낸다. 그리스의 철학자 플라톤은 약 2000년 전에 이렇게 썼다.

"… 우리가 천상이라고 부르는 대기 속에서 우리는 별들이 움직이는 상상을 한다. 그러나 이것은 또한 우리의 연약함과 게으름 때문으로 이로 인해 우리는 대기의 표면에 다다르지 못한다. 만약 어느 누구라도 외부 한계에 도달할 수 있다면,

또는 새들의 날개를 빌어 위쪽으로 날아갈 수 있다면, 마치 물고기가 물 밖으로 머리를 내밀어 세상을 보는 것처럼, 우리가 세상 너머를 볼 수 있을 텐데."[72]

몸속에서 공기는

숨을 들이마신 뒤 잠시 숨을 참아보자. 그리고 천천히 내뱉어보자. 다시 들이마시면서 공기가 폐 속에 밀려 들어오는 것을 느껴보자. 이것을 반복하면서 점점 더 오랫동안 숨을 참아보자. 처음에는 조금씩 그리고 점차 더 격하게 숨을 몰아쉬게 되는데, 이때 몸이 숨을 쉬게 하기 위해 어떻게 헐떡이도록 강요하는지 느낄 수 있다. 진화는 우리가 공기와 분리될 수 없도록 의식 너머에서 통제하며 계속 숨을 쉬도록 해두었다. 즉, 뇌가 의식의 중재 없이 호흡을 통제할 수 있도록 형성되었음을 알 수 있다.

모든 척추동물의 뇌는 기본 형태에서 서로 공통점을 갖고 있다. 신경관 앞쪽 세 개의 돌출된 부위가 각각 전뇌, 중뇌, 후뇌로 발전하게 되는 것이다. 어류와 양서류에서는 이 세 부위가 대개 비슷한 크기로 남아있지만, 고등 척추동물에서는 전뇌가 매우 크게 확장된다. 특히 인간의 경우에는 전뇌 중에서도 기억, 언어, 의식 등의 기능을 담당하는 대뇌피질이 크게 확장한다.

후뇌는 의식이 생기기 아주 오래전 우리 뇌의 진화적 유산을 반영하며 흔히 '파충류 뇌'라고도 일컬어진다. 심장과 호흡기 기능, 각성, 섭식, 수면 사이클 및 호흡과 같은 중요한 육체적 과정을 무의식적으로 조절하는 것이 후뇌다. 자극에 대한 반응과 호흡을 조정하는 것도 후뇌. 우리가 자고 있건 깨어 있건, 뛰고 있건 차분하게 있건 간에 우리 호흡의 통제는 의식의 관여 너머에 있는 것이다.

우리가 호흡을 할 때마다 들이마시는 공기는 우리의 기도를 따라 내려가서 허파꽈리라고 알려진 포도송이 같은 모양의 미세 주머니에 공급된다. 촉촉한 혈액이 풍부한 조직인 약 3억 개의 허파꽈리 내부 전체 표면은 테니스장 크기와 맞먹는다. 이곳에서 산소가 혈관으로 들어가 약 250억 개 적혈구에 실려 우리 몸 전체로 이동한다. 이때 생성된 이산화탄소는 반대 경로를 통해 공기 중으로 다시 배출된다.

우리가 매분 12~17회 숨을 쉬고, 운동을 할 때는 80회까지 숨을 쉰다고 가정할 때, 우리는 매일 적어도 20,000회, 아마도 30,000회 넘게 공기를 들이마시고 내뱉을 것이다. 이렇게 계산하면 우리는 20세까지 1억 번이 넘는 호흡을 하게 된다. 그렇기에 신선한 공기를 들이마시는 단순해 보이는 행동도 사실 꽤 놀라운 일이다!

생명체와 대기권의 변화

우리의 호흡은 이보다 더 심오한 것과 연결되어 있다. 대기권은 크기로 따져봤을 때 지구에서 가장 큰 서식지다. 하지만 우리는 이 사실을 크게 간과하고 있다.[73] 오늘날 공기를 형성하는 거의 모든 물질은 초기 행성이 형성될 때의 먼지 구름에 들어있었다. 하지만 그 구성은 지구가 진화하면서 극적으로 변했다.

태고의 지구 대기는 98% 가까이 이산화탄소가 차지하고 있었다고 추정된다. 1부의 '목욕 시간'에서 얘기했듯이, 이산화탄소와 같은 기체들에 갇힌 열이 만드는 '온실효과'로 인해서 태고의 대기 온도는 섭씨 85~110도에 달했다. 그러나 지구가 식으면서 물이 형성되고, 이로 인해 암석의 풍화가 일어나, 흙이 생겨나기 시작하고, 궁극적으로는 생명이 발생하면서 이 과정이 더욱 가속화되었다.

생물은 이후에 더욱 고도로 대기를 변화시켰다. 38억 5천만 년의 기간에서 가장 중대한 전환은 아마도 25억~27억 년 전에 광합성의 진화로 일어났다고 할 수 있다. 그 결과로 오늘날 우리가 살고 있는, 산소가 풍부한 대기가 만들어졌다. 현대의 하층 대기에 산소 같은 반응성 기체가 21%나 되는 높은 비율로 존재하는 것은 생명의 작용을 보여준다.

생명 활동 덕분에 대기권에 이러한 반응성 기체가 많아졌다는 사실은, 영국의 과학자 제임스 러브록이 나사가 후원하는 다른 행성에 있는 생명을 탐지하는 가장 효과적인 방법에 대한 연구를 할 때 길잡이가 되어주었다. 이 연구를 통해 1부의 '목욕 시간'에서 이미 언급했던 가이아 가설의 기본이 확립되었다. 그리고 항상적으로 자기 규제를 하는 슈퍼 생명체로서 지구 생태계와 그 안에 사는 종들이 밀접하게 함께 진화하고 서로 기여하면서 지구 전체의 안정성이 유지된다는 지구 생물권이 개념화되었다.

인간 역시 거기에 한몫을 담당한다. 인간은 식물이 만들어내는 산소를 소비한다. 그리고 식물이 광합성에 이용하는 이산화탄소를 호흡을 통해 공급한다. 식물은 이 이산화탄소를 이용해 인간이 먹게 되는 복잡한 화학물질들을 만들어낸다.

지구의 대기에는 오존이라는 기체가 모여 있는데 이 '오존층'도 큰 역할을 한다. 이 층은 태양과 드넓은 우주에서 오는 자외선을 비롯하여 해로운 방사선으로부터 지구 표면을 가려준다. 이것이 오늘날까지 여전히 얕은 해역과 육지 표면에서 생명이 번성하고 진화할 수 있는 조건을 만들었다. 또 오존층이 많이 형성되어 있는 성층권에서는 떨어지는 유성들을 지구 표면에 해를 끼치기 전에 대기의 마찰로 태워버린다.

이러한 모든 점을 고려할 때 우리가 매번 들이마시는 기체들이 모여 있는 지금의 대기권은 이 지구를 함께 나누고 있고 지구의 진화적 시간을 통해 함께 공존해온 모든 생명체와 우리 인간의 행동이 빚어낸 결과라고 할 수 있다.

숨 쉬는 것만으로도 모든 생명과 연결된다

우리의 폐를 통한 공기층과의 밀접한 연결, 혈관의 흐름과 뇌의 작용은 다른 모든 생명들과 연결되어 있다. 우리가 신진대사를 유지할 수 있도록 산소를 만들어내는 광합성이 그러하고 공기 속에 퍼져 있는 수분, 냄새, 먼지, 홀씨, 다양한 생물학적 물질도 마찬가지다. 또한 경관을 형성하고, 땅에 물을 내리고, 화학물질들과 에너지를 순환하게 하는 기상 시스템에서도 공기는 큰 역할을 한다.

공기의 진동을 통해서 우리는 물과 공기의 움직임과 우리가 살고 있는 환경을 탐색할 수 있는 단서들을 얻는다. 또 우리는 공기의 진동을 통해서 사람들 사이에서 그리고 다른 종의 생명체와 소리를 주고받으며 서로 연결된다. 공기는 우리가 냄새로 알아챌 수 있는 화학물질들을 이동시킨다. 많은 동물 종은 호르몬인 페로몬을 공기 중으로 내보내어 같은 종끼리 서로 의사소통한다.

이 공기층은 더 많은 측면에서 인간의 삶과 생계에 필요한 것을 지원한다. 우리는 공기에서 질소를 모아 비료를 생산하고, 가정생활, 산업 과정, 내연기관에서 나오는 폐가스를 공기층에 분산하며, 비행기와 향수가 공기 중에 머무르게 한다.

또 우리는 공기 중으로 사랑과 영감의 메시지를 전파하는 반면 화학무기를 살포하기도 한다.

생물권 시스템을 유지하는 복잡하고도 상호 연관된 시스템의 일부인 인간은 진화하면서 습지, 숲, 토양을 포함하는 생산적인 시스템을 엄청나게 변화시켰다. 그리하여 인간은 대기권의 안정성을 점차 흐트러뜨렸고, 대기권이 주는 아주 많은 선물을 당연한 것으로 여기며 소모했다. 대기권의 가치에 대해 너무 오랫동안 소홀히 대해왔기 때문에 오존층을 파괴하고, 온실효과를 증폭하며, 온갖 종류의 오염물질을 축적하는 등 우리 행동으로 의도치 않게 공기에 해를 끼치기 되었다.

인간은 절대적으로 공기에 의존하기 때문에 우리가 공기와 대기권에 끼친 해는 다시 돌아와 우리에게 해를 끼치게 된다. 숨을 쉬며 살아갈 수밖에 없는 우리는 계속 생존하기 위해서라도 공기의 미래를 보호하면서 다르게 사는 방법을 찾아야 하는 어려운 시간을 지나고 있다.

단 한 번의 호흡으로도 우리는 모든 생명과 연결된다. 우리는 대기권을 창조하고 안정화하는 역할을 했던 과거의 생명, 우리와 지구를 함께 나누고 있는 현재의 모든 생명, 우리가 내뱉는 물질들을 서로 교환할 미래의 모든 생명들과 연결되는 것이다.

단순히 신선한 공기를 마시는 일상적인 행동 속에 심오한 의미가 깃들어 있는 것이다.

2
화석화된
햇빛

"빨간 꽃?" 모글리가 말했다. "해질녘이면 그들의 오두막 밖에서 자라나. 내가 좀 가져올게."

이 유명한 대사는 1894년 영국 작가 러디어드 키플링의 이야기 모음집인 《정글북》에 나온다. '사람 새끼' 모글리를 제외하고는 캐릭터 대부분이 인도의 야생동물이다. 이 장면은 불에 대해서 얘기하고 있다. 아마도 이 대사는 "사람들의 빨간 꽃?"이라는 표현으로 더 널리 알려졌을 것이다.

이는 1967년 월트 디즈니 프로덕션에서 애니메이션으로 만든 〈정글북〉에서 원숭이들의 왕인 킹루이가 부르는 노래 "나는 너처럼 되고 싶어"에 들어있는 가사 "내게 사람들의 빨간 꽃의 힘을 줘, 그래서 내가 너처럼 될 수 있게."에서 나왔다.

화석화된 햇빛의 정체

선사 시대부터 인류에게 너무 매력적이었던 이 이상하고 마치 살아있는 듯 너울거리는, 우리가 불이라고 부르는 이 '빨간 꽃'의 정체는 정확히 무엇일까?

영어로 불은 'fire'인데 이 말은 총을 쏜다고 할 때도 사용하고 또 어떤 사람을 해고한다고 할 때도 사용한다. 'fire'의 사전적 정의는 '물질이 산소와 화학적으로 결합할 때 발생하는 빛과 열, 또 종종 연기를 내뿜는 과정'으로 정리할 수 있다. 과학적으로는 괜찮은 설명이지만 불이 인류에게 의미하는 다양한 면들과는 거리가 꽤 있다. 우리 눈앞에 타오르는 불꽃은 단순히 화학적 반응이라고 설명하는 것보다 훨씬 더 규정하기 힘든 무언가가 있기 때문이다.

초에 불을 켜거나 혹은 다른 가연성 물질에 불을 붙이는 단순한 행동은 본질적으로 수년 전 심지어 수백만 년 전에 지구에 떨어져서 화석의 형태로 고정된 햇빛을 해방하는 일이다.

기름, 가스, 석탄, 목재, 왁스와 그 밖의 가연성 유기물 안의 화학적 결합 속에 들어있는 에너지는 궁극적으로 태양에서 온 것이다. 광합성 과정을 통해 식물은 태양 에너지를 포획해서 화학적 결합 속에 가둠으로써 단순한 무기물 분자로부터 유기물을 만들어낸다. 이들 화학적 산물과 그 속에 내재한 에너지는 먹이 그물에 들어가고 모든 생명체에 연료를 공급한다.

지푸라기와 목재 등은 특히 건조한 상태에서 바로 태울 수 있는데, 이때 이들 식물이 그 계절에 혹은 최근 몇 년 동안에 걸쳐 포획해서 지니고 있던 에너지를 해방하게 된다. 동물에게 뜯어 먹힌 식물들은 그들이 갖고 있던 화학물질과 에너지를 먹이 사슬을 따라 옮기게 된다. 아시아와 아프리카의 많은 지역에서는 동물의 똥을 주요 연료로 사용하는데, 이 똥은 소화가 되고 남은 초목과 가축의 소화기관에서 나온 미생물이 풍부하다. 식물, 어류, 가축, 다른 동물에서 나온 지방과 기름은 태양빛에서 얻은 영양분이 에너지가 풍부한 형태로 정제된 것이다.

그럼 석유와 석탄을 비롯한 여러 형태의 화석 에너지의 정체는 뭘까? 그것은 6억 5천만 년에서 수백만 년 전 사이에 죽은 유기체가 묻힌 잔해가 오랜 세월 압축되고 땅의 열이 가해지고 농축되어 에너지와 탄소 함량이 높은 상태로 만들어진 것이다. 이 잔류물은 오늘날 석유, 석탄, 천연가스 형태로 채굴되어 화학적 제조의 원료와 에너지원으로 사용된다. 우리는 현대적인 이동 수단, 열과 전력 생산, 폐기물 연소 등을 위해 사용하면서 이 화석화된 에너지를 해방한다.

2018년 전 세계 주요 에너지원의 85%는 화석 연료가 차지했다. 나머지는 핵 발전, 수력 발전과 다른 재생 가능한 에너지원에 의존했다. 재생 가능한 에너지의 생산과 소비는 여러 국가들이 기후 변화로 인한 위협에 대처하기 시작하면서 급격하게 증가했다. 2019년에 전 세계적으로 화력 발전 생산량이 가장 많이 줄어든 것으로 기록되었는데, 이는 재생 가능한 대체 에너지원에 장기적으로 투자한 결과였다.[74] 2020년 상반기에는 코비드-19 팬데믹으로 인해 이동 제한 조치가 내려짐에 따라, 석탄 이용의 감소가 가속화되고 재생 가능한 에너지원의 생산이 크게 늘었다.[75]

2020년 6월 10일, 영국의 전력망은 60일 동안 석탄을 전혀 태우지 않았는데, 이는 산업혁명이 시작된 이래 200년이 넘는 동안 가장 긴 기간이었다. 당시 미국의 도널드 트럼프 대통령은 미국 석탄 산업을 지원하려고 적극적으로 노력했지만 미국에서도 2020년 상반기에 처음으로 석탄보다 재생 가능한 자원으로 생산한 에너지를 더 많이 소비했다. 미국은 10년 전까지만 해도 절반에 가까운 전기를 석탄으로 생산했다.

과거에는 가장 빨리 성장하는 석탄 소비국이었던 인도에서조차 석탄 수요가 크게 감소하자 37년 만에 처음으로 이산화탄소 배출을 줄일 수 있었다. 전 세계적인 팬데믹으로 인한 이동 제한이 이러한 독특한 상황을 만들어냈지만, 재생 가능한 에너지원으로의 전환과 탄소 집약적 화석 연료의 점진적인 포기는 그 이전 10년간 이어져온 추세였다.

재생 가능한 태양 에너지와 풍력 에너지 역시 직간접으로 태양 에너지에서 동력을 얻는다. 조력 발전은 중력에 의한 것이지만 태양 에너지도 조력에 영향을 미친다. 수력 발전 또한 태양 에너지가 불러일으키는 물의 순환 덕분에 가능하다.

따라서 모든 에너지는 태양이 원인이 되는 순환 덕분에 얻을 수 있는 것이다. 그 순환의 기간이 짧거나 긴 차이가 있을 뿐이다. 태양력 발전은 지금 쏟아지고 있는 태양 에너지를 바로바로 사용하고 풍력 발전은 태양이 만든 기류를 통해 에너지를 거둬들인다. 목재 땔감은 수년 전에 지구에 떨어진 햇빛을 이용하는 것이다. 그런가 하면 화석 연료는 이미 아주 오래전에 멸종한 초목이 포획한 햇빛을 이용하는 것이다.

풀려난 화석 햇빛의 치명적 위험

지구는 약 45억 년 전 뜨거운 가스들로부터 형성되었는데, 그때는 모든 물질이 자유롭게 순환하고 있었다. 빗물을 비롯한 자연의 작용이 지질학적 시간을 거치면서 일부 물질을 '골라내기' 시작했다. 생명이 출현한 뒤에 생물권 내에서 여러 과정이 발생하면서 이 골라내기가 점차 가속화되었다. 그러면서 초기 대기권에 한때 풍부하던 중금속, 인과 같은 영양소, 탄소 같은 물질들이 점차 암석에 갇히기 시작했다. 그 덕분에 지구의 생물권은 대기와 물과 땅에서 더없이 '깨끗해'졌다.

자원을 채굴하고 소비하여 이들 화석화된 물질을 다시 자연계로 방출하는 것은 생물권을 이전의 덜 깨끗한 상태로 되돌리는 과정에 다름 아니다. 우리는 중금속, 인, 방사선 물질들을 살아있는 시스템에 너무 많이 방출할 때 일어나는 위험에 대해서 알고 있다. 지구의 지각 속에 지질학적 시간 동안 갇혀 있던 많은 탄소가 다시 대기권으로 배출되는 것도 이와 마찬가지로 생물권의 순환을 불가능하게 할 수 있다.

초기 지구의 대기권은 엄청난 화산 활동으로 인해 매우 많은 이산화탄소를 함유하고 있었다. 산소는 아주 적거나 없었고 소량의 암모니아와 메탄가스가 있었다. 이산화탄소 분자는 적외선을 흡수하는데 이것이 온실효과를 일으킨다. 대기 중에 이산화탄소 함량이 높으면 대기권에 열을 붙잡아두어 대기 온도를 높이고 기후 시스템의 에너지를 증가시킨다. 온실효과는 대기권을 아주 뜨겁게 유지했기 때문에 수증기가 응축되어 액체 상태인 물로 될 수 없었다. 또 대부분의 생명체가 살아남기에도 너무 뜨거웠다.

이와 대조적으로 현재의 대기권은 질소 79%, 산소 21%, 아르곤 0.9%와 이산화탄소 0.04%를 비롯하여 소량의 다른 가스들로 이루어져 있어서 생명체가 번성할 수 있을 정도로 매우 온화하다. 따라서 이산화탄소와 메탄 같은 온실 가스를 방출하여 온실효과를 높이는 것은 현명하지 못한 처사다. 기후 변화를 일으키는 주요 원인이 되기 때문이다.

화석 연료 기반의 에너지 시스템에 대한 의존도가 높은 현대 사회는 대기권을 이산화탄소가 과도한 상태로 되돌리고 있다. 지구의 온도를 올림으로써 우리 모두를 위험에 빠뜨리고 있는 것이다. 이미 과도하게 방출한 이산화탄소를 대기권에서 대규모로 제거하지 않는 한 기후 온난화를 되돌릴 수 없고 인간은 물론 많은 생명이 치명적인 위험에 빠지게 될 것이다.

전 세계 화석 에너지 이용은 1850년에 시간당 567테라와트였던 것이 1900년, 1950년, 2000년에 각각 5,972테라와트, 20,139테라와트, 94,462테라와트로 상승했다. 고삐 풀린 지구 온난화를 해결하기 위해 화석 연료에 대한 의존도를 줄이자는 전 세계의 합의가 여러 차례 있었지만 2017년에도 133,853테라와트로 여전히 크게 상승했다.[76]

이러한 추세를 되돌리지 못한다면, 우리와 대부분의 생명체가 전적으로 의존하는 온화한 기후와 생태계의 안정성을 유지하기 어려울 것이다.

3
불,
자연적으로 재생하는 힘

집이나 재산이 불에 휩싸이거나 산불에 사람과 자연의 생명을 잃는 것은 생각하기도 싫은 악몽이다. 간간이, 요즘엔 점점 더 자주 들려오는 큰 규모의 산불 소식은 모든 사람과 정치인에게 공포를 불러오기도 한다.

그러나 자연의 힘인 불은 재생의 힘이기도 하다. 어떤 식물과 동물들은 종종 일어나는 불에 적응할 뿐만 아니라 심지어 그들의 번식과 성장에 더 적합한 환경을 만들어주는 불의 효과에 의존하기도 한다.

다양성을 강화하는 불의 생태학

'불의 생태학'은 과학의 한 분야로서 생태계에서 일어나는 화재 발생의 원인과 화재에 취약한 생태계에 대해 다룬다. 불은 씨앗을 틔울 수 있는 새로운 토양을 만든다. 또 쌓인 재와 동식물의 잔해는 흙의 영양분을 회복시킨다. 게다가 덤불을 없애주어 태양빛이 숲의 바닥까지 미칠 수 있게 함으로써 전반적으로 식물을 포함한 생태계의 다양성을 강화한다. 불은 또 늙거나 병든 나무, 그와 더불어 해충의 저장소를 사라지게 하는 경향이 있고, 젊고 건강한 나무가 경쟁 없이 자랄 수 있는 환경을 남긴다. 불에 탄 나무는 새, 포유동물, 곤충을 비롯한 야생동물이 쉴 수 있는 서식지를 제공한다.

물론 산불이나 들불에 따르는 위험도 있다. 유기물질이 풍부한 지표에서 사는 작은 생물들이 제거되고, 헐벗은 흙이 침식하여 쓸려 나갈 위험도 높아진다. 흙 입자들이 불에 탐으로써 물과 섞이지 않는 성질을 갖게 될 수도 있다. 그러면 흙과 땅속 대수층에 빗물이 스며드는 양을 감소시킬 수도 있다. 그러나 이 모두 자연의 과정이고 자연의 천이(생태학적 집단 구조가 시간이 지나면서 변화하는 것)의 일부이자 진화의 과정이다.

화재에 적응한 식물들

놀라울 정도로 많은 식물이 불에 적응한다. 그 중에는 불에 적응한 씨앗을 가진 식물들이 있다. 북아메리카 서부가 원산

지인 로지폴소나무가 그런 종이다. 이 나무는 산불이 지나간 후에 잘 번식하는 능력이 있다. 일부 로지폴소나무의 솔방울은 수지와 같은 물질로 밀봉되어 있는데, 몇 년 동안 나무에 남아있다가 오직 산불이 나서 수지가 녹을 때에만 씨앗이 방출된다.

오스트레일리아의 숲 생태계 역시 불에 적응했는데, 유칼립투스와 뱅크셔 나무의 방울이나 열매는 주기적인 산불에 의해서만 녹는 수지로 완전히 밀봉되어 있다. 어떤 덤불의 씨앗과 한해살이 식물은 그 해의 휴면기를 보내거나 흙 속에 수십 년 동안 묻혀 있다가 연기와 숯이 된 식물 물질들로부터 화학적인 신호를 받아야 활성화되며, 이러한 화학적인 자극과 함께 싹이 튼다.

알로에와 프로테아 같은 식물들은 나무껍질을 둘러싼 막이나 축축한 조직을 지니고 있어서 불이 났을 때 단열재로 작용하여 열을 막아낸다(특히 싹눈 주위가 그렇다). 낙엽송과 세쿼이아를 포함한 일부 나무들은 나무껍질이 아주 두껍고 연소에 견디는 성질이 있어서 아주 심한 불에도 중요한 조직에 심각한 손상을 입지 않은 채 모두 타버리지 않고 남을 수 있다.

유칼립투스를 비롯한 몇몇 식물들은 들불이 자주 번지는 오스트레일리아의 건조한 지역 조건에 적응했다. 이들은 몸통의 나무껍질 밑에 싹눈을 보호하고 있어서 나무가 불타고

난 뒤에 재빨리 새로운 잎과 줄기가 자라날 수 있도록 진화했다. 일부 뱅크셔 종들과 땅속의 목질에 기관이 있는 관목들, 거기에 양분을 저장한 알뿌리, 뿌리줄기 또는 다른 땅속 줄기 등이 있는 초본식물을 포함한 몇몇 식물들은 화재 후에 땅 위에 노출된 부분이 파괴되더라도 다시 자라날 수 있다.

오스트레일리아 빅토리아 주의 큰 사막에 흔한 백합과의 상록 관목인 그래스트리는 화재가 난 뒤에 꽃이 번성하도록 적응했다. 씨앗이 경쟁 초목 없이 영양분이 풍부한 재를 이용할 수 있는 것이다. 몇몇 파이어릴리fire lily 종은 화재 뒤에만 꽃이 피는데, 자연적인 덤불 화재 뒤에 엄청나게 빨리 반응하여 꽃을 피우는 모습을 보여준다. 지중해 숲에서 다른 소나무들과 유칼립투스 종들 사이에서 발견되는 스톤파인stone pine(소나무의 일종)은 아주 키가 큰 우산 같은 모양으로 자라고 낮은 가지는 얼마 되지 않거나 아예 없어서 잎이나 중요한 성장 조직들이 아주 높은 불길만 닿을 수 있는 높이에 있다.

생태계에 필요한 주기적인 불

생태계는 저마다 다른 빈도와 기간으로 불타는 경향이 있는데, 이는 주어진 생태계에 서식하는 초목의 종류를 비롯해 여러 가지 요소의 영향을 받는다. 특히 건조한 지역에 사람이 만든 농장은 흔히 작은 나무를 촘촘히 심고는 하는데 이는 잠재적으로 매우 집약된 연료가 되어 불의 강도가 더 세지고 확산도 쉬워질 수 있다. 유칼립투스 종과 같이 불에 적응한 종들은 오스트레일리아의 건조한 서식지에서 진화했는데, 지금은 전 세계로 퍼져서 여러 나라의 농장에서 길러진다. 하지만 만약 불이 날 경우 원래 오스트레일리아의 환경에서 빠른 속도로 불에 탔던 것처럼 훨씬 빨리 불이 번져나갈 위험도 있다.

숲에서 산불의 위험을 줄이는 가장 좋은 방법 가운데 하나가 불의 재도입이라는 것에 점차 많은 사람들이 의견을 모으고 있다. 이런 생각은 어쩌면 직관에 반하는 것으로 받아들여질 수도 있다. 하지만 예전에 자연적으로 홍수가 일어났던 상류 지역에 오히려 홍수가 일어나도록 장려하는 홍수 위험 관리의 현대적인 접근과 유사하다고 할 수 있다. 홍수 위험 관리는 물의 흐름을 느리게 유지하면서 하류의 홍수가 최고조에 달하는 것을 막을 수 있다. 그와 동시에 자연적인 범람원의 기능이 지역의 생태에 혜택을 주도록 촉진하게 된다.

불의 경우도 마찬가지여서 자연적인 원인이든 관리된 발화든 주기적인 불은 초목의 밀도를 줄여 불의 속도와 크기를 조절할 수 있게 해준다. 미국에서는 폰데로사소나무와 마른 미송으로 구성된 낮은 고도의 숲에서 나무에 남은 흉터 패턴을 읽어 역사적으로 낮은 강도의 불이 평균 5년에서 20년 간격으로 발생했다는 것을 알게 되었다.

생태계에 필요한 불의 중요성이 초기 자연보호 전략에서는 제대로 인식되지 않았다. 대표적인 예가 캘리포니아주의 미국삼나무 숲인데, 그중 일부 종은 2,000년 이상 되었고 화재로 생긴 흉터가 있다. 20세기 초에 캘리포니아 연안 미국삼나무 숲의 화재는 예방되거나 억제되었다. 그러나 미국삼나무 숲은 어린 나무의 재생산이 빈약해지고 탄오크tanoak 종과 경쟁을 하게 되어 오히려 감소하기에 이르렀다. 나중에, 잦은 번개로 인한 이 지역의 들불이 가져오는 생태학적 결과에 대한 관찰이 알려졌다. 미국삼나무는 실제로 주기적인 화재에 의존해 이 연안 숲에서 우세함을 유지했던 것이다.

탄오크 역시 불에 굉장히 강하긴 하지만, 미국삼나무는 사실상 불에 파괴되지 않는다는 것이 밝혀졌다. 미국삼나무가 생존할 수 있었던 것은 나무껍질과 목질에 타닌이 많이 함유되어 있기 때문이다. 타닌은 불이 잘 붙지 않게 하고 질병과 곤충으로부터 나무를 보호해준다. '레드우드Redwood(미국삼나무의 영어 이름)'라는 이름이 붙게 된 것도 이 타닌 때문이다. 미국삼나무는 또한 수지 함량이 낮아 가연성을 한층 줄일 수 있다. 게다가 성장한 미국삼나무의 나무껍질은 물 함량이 높고 최소한 두께가 30센티미터나 되어 불에 대한 훌륭한 보호막이 된다. 이 나무껍질 덕분에 불이 나무껍질 안쪽까지 쉽게 태우지 못한다. 더욱이 그들은 세상에서 가장 키가 큰 나무이기 때문에 대부분의 불은 나무 윗부분까지 닿지 못한다.

나무꼭대기에 있는 넓고 납작한 바늘잎들은 공기로부터 습기를 가두어 물방울을 만들어 숲 바닥에 떨어뜨려 불의 발화, 확산, 세기를 줄인다. 연구자들은 이 숲에서 미국삼나무가 우위를 유지하는 데 주기적인 화재가 필수였다고 결론지었다.

불과 인간의 진화

불의 힘에 대한 통제는 인간의 기술적 진화에서 엄청나게 중요한 혁신이었다. 사람속Homo에 속하는, 인류와 비슷한 존재가 불을 통제한 것에 대한 가장 이른 증거에 따르면 그 시기가 170만 년에서 20만 년 전 사이로 추정된다. 이는 100만 년 전의 나무 재에 남은 미생물 흔적의 분석에 기초한 추정으로 가장 큰 과학적 지지를 받고 있다. 도구를 만드는 데에 불을 이용한 증거는 초기 인류가 발생한 이후 시기에 발견되었다.

대체로 추측이기는 하지만, 아궁이를 만들어 규칙적으로 연료를 공급하면서 점차 불에 익숙해진 것이 작은 공동체의 형성을 촉발했을 것이다. 불은 초기 인류에게 따뜻함을 주었고 그 덕분에 추운 기후와 계절에 덜 취약해졌을 것이다. 포식자들이 가까이 오지 못하게 불을 사용했으며, 불이 내는 빛으로 어두워진 뒤에도 활동적이고 창조적일 수 있게 되었다. 아마도 거주지 사이에서 신호를 보내는 데에도 불을 이용했을 것이다.

불을 이용함으로써 도구 제작을 훨씬 정교하게 할 수 있게 되었고, 또 음식을 익혀서 먹을 수 있게 되었다. 뒤이어서 식량과 가축 사료를 위한 식물의 성장을 촉진하기 위해 들판을 태우는 데에도 불을 사용했을 것으로 보인다. 이 모든 변화가 인간의 지리적 분산에 영향을 끼쳤을 것이다. 역사를 통해 불은 인류의 발전에 매우 중요한 역할을 했다.

선사 시대부터 음식을 익히는 데 불을 이용했는데 이는 인간의 진화에 엄청나게 중요한 의미가 있다. 유물들을 통해 대략 200만 년 전 혹은 그보다 더 오래전부터 불을 사용해서 음식을 익혔을 것이라 짐작할 수 있다.[77] 오늘날과는 달리 당시에 불과 열을 이용하는 것은 일상적인 일과 거리가 멀었다. 익힌 음식은 맛도 좋을 뿐 아니라 익히는 과정을 통해 음식의 영양분이 더 잘 소화할 수 있는 상태가 되었다. 이 덕분에 에너지가 풍부한 고기를 더 잘 먹을 수 있게 되어 우리 종을 특징짓는 큰 두뇌를 만들기 위해 필요한 에너지를 충분히 공급할 수 있게 되었다.

최초로 직립보행을 한 인류 종으로 여겨지는 호모 에렉투스의 뇌 크기가 과거보다 두 배가 되었다는 사실을 화석을 통해서 알 수 있다. 이들의 뇌는 음식을 익히는 법을 배운 후에 60만 년이 넘는 기간에 걸쳐 점점 커진 것이다. 고릴라,

침팬지와 같은 영장류들은 뇌의 크기가 커지는 과정을 거치지 않았고 여전히 익히지 않은 날 음식을 먹으며 살아가고 있다.

2012년 영장류의 몸과 뇌의 무게와 칼로리 섭취를 측정한 연구에서 칼로리 소비와 몸무게와의 직접적인 상관관계를 발견한 것은 그리 놀랄 일이 아니다.[78] 이 연구는 질기고 섬유질이 많은 식물을 씹는 데 걸리는 시간을 포함하여 먹는 데 들이는 시간의 길이가 길수록 몸의 크기가 커지는 것이 제한될 수 있다는 점도 밝힐 수 있었다. 또 단위 무게당 두뇌가 몸보다 많은 칼로리를 필요로 하기 때문에 에너지의 한계 역시 두뇌 크기에 제한을 준다. 2012년 연구는 '유인원들은 몸과 두뇌 모두를 가질 형편이 못 된다'라고 보고했다.

오늘날 현대 인간의 두뇌는 몸의 크기에 비해 상대적으로 매우 큰 편인데, 인류 진화의 어느 시점에 인간이 더 큰 두뇌와 더 적은 근육의 길로 들어선 것은 인간 역시 두 가지를 다 가질 수는 없었기 때문이다. 음식을 익혀 먹는 것이 이 여정을 가능케 한 중요한 혁신이었을 것이다.

음식을 익혀 먹는 것의 이점이 단지 맛을 더 좋게 하고 질긴 섬유질을 부드럽게 하는 것만은 아니다. 익히지 않은 음식은 소화를 통해 단지 30~40%만 신체에 이용되는 데 반해 익힌 음식은 훨씬 더 높은 비율로 흡수될 수 있다. 우리 선조들은 음식을 찾고 날 음식을 씹는 데 드는 시간을 덜 사용하면서 더 많은 시간과 에너지를 다른 것에 사용할 수 있었을 것이다. 또한 우리의 큰 두뇌를 에너지 유출의 골칫거리가 아닌 자산으로 전환하여 영양소에 접근할 수 있는 능력을 증가시켰을 것이다. 충분한 에너지와 정신적 능력은 기술과 표현력과 창의성의 형태로 폭포처럼 흘러넘치게 되었고 고도의 문화와 행동 양식의 등장을 이끌었다. 소화기관의 크기가 줄어든 것도 관찰할 수 있었는데 이 점에서도 인류의 진화에 익힌 음식의 중요성이 컸을 것이라는 추측이 가능하다.

오늘날로부터 200,000~400,000년 전 구석기 시대의 유물로 원시인들과 초기 인류가 돌을 둥글게 쌓아서 원시적인 아궁이를 만들었다는 것을 알 수 있다. 이들 아궁이는 천 년 동안 집의 중심적인 특징이 되었다. 게다가 라틴어 'focus'는 '아궁이' 또는 '벽난로'를 뜻하는데, 아궁이가 집의 중심이라는 의미로 영어에 들어가 현대적인 의미를 갖게 되었다고 여겨진다. 대략 150년 전부터 가스가 이용되기 전까지는 세계 곳곳 대부분의 집에 아궁이나 벽난로가 있었다. 전 세계 인구의 40%에 달하는 적어도 30억의 사람들이 아직도 덮개 없는 불에서 직접 요리를 한다고 추정된다.

영어에는 또 다른 흥미로운 어원을 지닌 '통행금지^{curfew}'라는 말이 있다. 이 단어는 새벽까지 불이 꺼지지 않도록 밤 동안 잉걸불을 덮어두는 커다란 금속 뚜껑을 뜻하는 프랑스어 'courvre feu'에서 파생되어 중세 시대에 '통행금지^{curfew}'로 쓰인 것에서 유래했다.

이 모든 증거와 추측들은 우리 선조들이 요리를 하기 위해 새로이 찾은 불을 통제하는 능력이 우리 종, 호모 사피엔스의 발현에 중요했음을 보여준다. 집 안의 불이 계속 타도록 지키고 통제했던 인간의 영민함이 아마도 인류 진화의 중심이 되었는지도 모른다.

정신 속의 불

불에 대해 우리가 확실히 말할 수 있는 것 가운데 하나는 인간만이 이 놀라운 자연 현상을 통제하는 법을 배웠다는 사실이다.

매혹적인 불은 인류 역사에서 온갖 문화적 상상력이 더해져 기록되어왔다. 인류에게 불은 아주 많은 것들을 의미한다. 불은 파괴하거나 정화하는 힘, 극심한 고통이나 사형을 상징하며 재생 가능한 힘, 변화와 에너지의 상징이 되기도 한다. 불은 온기, 빛과 안식처 등으로 다양하게 이해되었다. 불은 강렬한 빛깔에서부터 춤추는 불꽃까지, 공포의 대상이면서도 아름다움을 느끼는 대상이었다. 정신적으로는 지옥의 불구덩이에서 천국의 빛까지, 계몽과 파괴, 변신의 의미까지 담고 있다. 다시 태어나기 위해 불꽃에서 죽는 새 피닉스에 대한 신화는 전형적인 인간의 이야기로, 십자가에 못

박힌 뒤 다시 태어나는 예수 그리스도와 같이 다양한 종교로 옮겨갔다.

인간의 역사를 통틀어 세계의 많은 문화에서 불의 신이 등장한다. 이집트의 라(태양, 빛, 따뜻함, 성장의 불의 신)와 세크메트(태양과 불을 보호하는 암사자 여신), 중국의 불의 신들(축융, 염제, 알백 등), 인도 신 아그니(불, 전령, 정화의 신), 몽골의 야룬에케Yal-un Eke(불의 어머니 여신), 스페인 바스크인들의 에아테Eate(폭풍과 불의 신), 그리스의 헬리오스(태양의 신), 메소포타미아의 이슘Ishum(불의 신), 뉴질랜드 마오리족의 마후에아Mahuea(불의 여신)가 불을 신격화한 것이다. 양초를 비롯한 여러 형태의 불은 세계의 많은 종교 의식이나 명상과 연관되기도 한다. 불은 '살아있는 불꽃' 덕분에 온갖 종류의 자질을 부여받았다.

불은 또한 사형과 고문의 상징이 되기도 한다. 이른바 이단자나 금서를 불태웠던 것은 교회의 어두운 역사다. 여기에는 프랑스의 잔다르크도 포함된다. 그녀는 백년전쟁에서 큰 활약을 해서 프랑스의 영웅이 되었지만 얼마 지나지 않아 마녀로 몰려 화형으로 불에 타 죽었고 훗날 가톨릭 성인으로 추대된다.

이런 소름끼치는 관행이 유럽의 기독교 국가들에서만 있었던 것은 아니다. 옛 바빌로니아(기원전 18세기) 함무라비 왕이 반포한 법전과 고대 이집트와 아시리아, 히브리 법과 켈트족 전통에서도 화형은 오래도록 사형의 한 형태로 시행되었다. 화형은 16세기 중엽 유럽에서 행해진 마녀 사냥을 포함해서 특히 기독교의 다양한 분파들에서, 북아메리카의 원주민들 사이에서, 일부 이슬람 국가에서 특징적으로 나타났다. 모닥불을 일컫는 영어 단어인 'bonfire'는 후기 중세 영어 'bone fire'에서 유래한 말로, 야외에서 뼈를 태웠던 커다란 불을 의미하는데, 때로는 행사의 일부로 행해졌지만 아마도 더 깊은 종교적 의미가 있었을 것이다.

흙, 물, 공기, 불의 4대 원소 가운데 불은 예술에서 가장 극적이고 지속적인 영감을 불러일으켰다. 구석기 시대부터 동굴 벽화에 불이 등장했다. 1940년에 프랑스 라스코 동굴에서 유명한 벽화가 발견되었을 때, 동물의 지방을 녹인 끈적끈적한 기름을 태웠던 100개가 넘는 돌 램프가 동굴의 여러 방에서 함께 발견되었다. 당시 고고학자들은 램프들이 단지 따뜻함과 요리를 위해서만 사용되었을 것이라고 추측했다. 그러나 오늘날에는 이 불빛들이 동굴 안에 전략적으로 배치되어 램프의 깜빡이는 불꽃에서 나오는 빛의 기운이 동굴의 벽과 천장에 그려진 예술 무대의 일부였을 수도 있다고 추측한다.

불을 훔쳐 인류에게 주며 신에 반항한 거인 프로메테우스, 산업사회 이전의 화산에 대한 묘사, 대장간과 산업용 용광로, 고대 중국부터 오늘날로 이어지는 불꽃놀이에 이르기까지 역사 속에서 불은 예술에 영감을 불러일으켰다. 춤을 추는 불은 차이코프스키의 불새와 같이 무용과 음악의 뮤즈로서 영감을 주었다. 저녁 식탁에 놓인 촛불은 로맨틱한 장식으로 널리 인식되고 있다.

불은 말 그대로 우리의 상상력에 불을 지핀다. 성냥을 긋거나 양초에 불을 켜거나 모닥불을 피우는 것은 흔한 일이다. 그러나 오랜 세월 갇혀 있던 화석화된 햇빛을 방출하는, 살아있는 불의 생태학은 전혀 평범하지 않다.

4
나무를 위한
숲

도시의 가로수, 생울타리나 숲, 정원 등 나무는 우리 주위 어디에나 있다. 과연 우리는 이 나무들이 무엇을 하며 어떻게 우리에게 도움을 주는지 충분히 자주 생각하고 있을까?

한때 광대했던 숲이 대량으로 벌목되기 전의 세상 풍경은 훨씬 더 많은 나무가 우거져 있었다. 철기 시대의 선조들이 최초로 나무를 베었고 그 다음으로 유럽에서는 양을 방목하기 위한 개간지를 만들기 위해 벌목이 엄청나게 가속화되었다. 하지만 그때에도 야생 숲이 언덕, 평야, 계곡을 덮고 있었다.

나무들은 변화무쌍한 강의 경로에 영향을 미쳤다. 쓰러진 나무들로 통로가 막히면서 땋은 머리 같은 물줄기로 강이 갈라지게 되었다. 방향을 튼 강물이 밀고 들어와 만들어진 새로운 물줄기와 오랜 시간이 흐르면서 다시 우거진 나무들로 덮이게 된 습한 범람원 역시 나무들이 만든 모습이다. 이 역동적인 모자이크 속에서 강물이 범람했다가 빠져나간 주변 지대는 다양한 풀, 키가 작고 꽃이 피는 식물들, 숲에 사는 모든 종류의 생명체에 의해 빠르게 초목이 덮인 곳으로 바뀌고 그 공간에서 풀을 뜯는 야생 소를 비롯해 다양한 야생동물이 살게 된다. 이러한 모습과 비교하면 우리가 살아가는 공간 가운데 가장 '자연스러운' 나무들이 이루는 경관마저도 자연과는 거리가 멀다.

베어낸 자작나무의 교훈

2014년 부활절 기간에 나는 내 오랜 습관을 깨버렸다. 당시에는 어렸던 아이들 덕에 부활절이 되면 나는 컴퓨터에서 벗어나 초콜릿 달걀과 관련한 일로 분주했다. 그러나 그해 부활절에 나는 대부분의 사람들이 하는 정원 일을 했다. 특히 12미터 높이까지 자란 자작나무를 자르고 청소하는 데 하루를 썼다. 강풍으로 인한 사고가 증가하고 있었고, 장대한 높이 때문에 우리와 이웃들에게 잠재적 위협이 되고 있었기 때문이다. 큰 자작나무는 폭풍에 갑자기 쓰러지곤 한다. 얕은 뿌리 판은 흙에서 뜯겨 나오고, 아래에 무엇이 있건 간에 육중한 몸체가 그 위를 덮치는 불상사가 벌어진다. 특히 우리 집 자작나무 주위에는 사방으로 값비싼 집들이 있다!

나는 나무를 잘라내는 것을 좋아하지 않는데 특히 40년가량을 산 나무는 더욱 그렇다. 그래서 이 자작나무가 그 길고도 인내심을 요하는 세월 동안 어떻게 우리에게 봉사해왔는지를 성찰할 기회를 갖기로 했다.

우선, 자작나무의 종이 같은 껍질과 섬세한 나뭇잎, 늘어진 나뭇가지는 시각적으로 아름답다. 자작나무의 뿌리는 깊은 흙속에서 영양분을 끌어당기고, 나뭇잎은 떨어져 하층 식생에 거름이 되어 숲 생태계에 연관된 모든 유기체를 지속시키는 순환에 기여한다. 나뭇가지와 잎들은 삼림지대의 나무들과 꽃이 피는 식물 종에 안성맞춤인 그늘을 제공한다. 자작나무는 또한 수분의 증발과 증발하는 수분을 가로채는 순환을 통해 수분을 머금은 잔잔한 공기가 만드는 미기후(특정 좁은 지역의 기후-옮긴이)를 형성한다. 그리고 엄청난 양의 탄소가 뿌리와 나뭇가지, 낙엽이 썩어서 형성된 부엽토와 나무 몸체에 갇혀 있다.

자작나무 잎은 곤충 수백 종의 식량원으로 사용되며, 죽은 나무는 셀 수 없이 많은 생물들의 식량과 서식지가 된다. 딱따구리와 오목눈이는 죽은 나무를 곤충 저장고 삼아 먹이를 얻고, 검은머리방울새 같은 새들은 자작나무 씨앗을 마음껏 먹는다. 다양한 새들이 나뭇가지와 나무 몸체의 구멍에 둥지를 튼다. 민화와 동화에 많이 등장하며 독성이 있고 환각을 일으키는 유럽의 광대버섯을 포함한 몇몇 균류는 자작나무와 연관이 있다. 우리 집에 서 있던 백자작나무 역시 다람쥐, 오목눈이, 오색딱따구리에게 훌륭한 둥지를 제공했다.

백자작나무의 목재는 강하고 무겁기 때문에 가구와 장난감을 만드는 데에도 적합하다. 전통적으로는 잉글랜드 북서부의 랭커셔 지역에서 한때 널리 퍼졌던 면직공장에서 사용된 내구성이 강한 실패와 얼레 제작에 자작나무를 사용했다. 나무껍질도 이용되었는데 아메리카 자작나무 종들을 이용해서 전통적인 인디언 자작나무 껍질 카누를 만들었고, 가죽을 무두질하는 데도 썼다. 자작나무 껍질에서 얻는 화학물질인 살리실산염은 사마귀에 효과적으로 쓰였다. 자작나무 잎과 가지 등이 지닌 약재로서의 다양한 특성은 완화제, 이뇨제, 항류마티스제, 흥분제, 수축제, 구충제, 발한제로 사용된다.

우리 집 자작나무 한 그루가 사라지자 많은 것이 달라졌다. 일단 저녁놀을 가리지 않게 되어 너무 일찍부터 전기 등을 켜지 않아도 되었다. 미기후에도 변화가 생겼는데 여러 효과 가운데 특히 산들바람이 막힘없이 불어와 빨래가 더 빨리 말랐다. 같은 효과로 정원 생태계의 다른 부분에서도 물의 증발에 영향을 미칠 것이다. 우리 집 자작나무는 폭풍에 쓰러져 피해를 줄 가능성 때문에 잘렸지만, 명백히 바람의 에너지를 흡수해서 폭풍의 피해로부터 주변을 보호하는 역할을 했던 것이다.

우리 집 식구들은 잘린 자작나무를 그리워한다. 그러나 우리는 다른 토종 나무인 개암나무와 사과나무를 그 자리에 심었다. 두 나무 모두 키가 더 작아 정원의 크기에 잘 맞는다. 나무가 하는 역할은 비록 다른 모습이지만 계속된다.

버드나무로 누리는 혜택

흔히 집에서 볼 수 있는 또 다른 나무로는 버드나무가 있다. 사실 버드나무는 들판을 따라 휘감아 흐르는 강가에 줄지어 서 있는 경우가 많다. 우리 집 근처를 흐르는 강 계곡에는 영국의 가장 큰 토종 버드나무 종의 하나인 키 큰 무른버들이 강과 도랑을 따라 줄지어 서 있다. 무른버들은 25미터 높이까지 자랄 수 있고, 유럽 전역과 서아시아 지역의 강과 못 주변에 넓게 분포한다. 나이 많은 무른버들의 깊게 갈라진 나무껍질, 가느다란 가지와 갸름한 타원형 잎은 시골과 도시 지역 어디서나 볼 수 있는 친근한 모습이다.

무른버들(영어로는 Crack willow로 균열 버드나무로도 번역한다~옮긴이)이라는 이름은 잘 갈라지는 나무의 특성에서 나왔다. 땅에 쓰러진 몸통이나 떨어진 가지가 뿌리를 내려서 새로운 무른버들로 자라나기 때문에, 종종 물에 떠내려가 원래 있던 곳에서 어느 정도 떨어진 장소에서 자라기도 한다. 크고 작은 버드나무들은 강둑을 안정화하는 중요한 역할을 한다. 물총

새에게 물고기를 사냥하기 위해 날아오를 수 있는 횃대를 제공하고, 물에 잠긴 뿌리는 물고기들에게 산란, 보육, 먹이 주기, 피난처, 잠복을 위한 거처를 제공한다.

버드나무는 이외에도 자연과 사람에게 매우 큰 유용함과 도움을 준다. 그들은 풍경을 휩쓰는 강력한 폭풍의 에너지를 흡수하고, 가축들의 피신처가 되며, 농작물과 주변 땅의 손실을 막아준다. 또한 버드나무 꽃의 수정을 위해 식량을 제공하면서 벌을 비롯한 많은 곤충들과 서로 혜택을 공유하는 관계에 있다.

버드나무의 여러 부위는 인간의 일상에도 여러모로 유용하게 이용된다. 새로 자라난 버드나무 가지의 가느다란 줄기는 바구니를 짜는 데 쓰이고, 어망과 울타리를 만드는 데도 사용된다. 목재는 빗자루, 상자, 가구, 장난감, 악기와 그 밖의 여러 제품을 만드는 데 쓰이며, 버드나무 추출물은 가죽의 무두질, 섬유, 종이, 밧줄과 끈, 숯의 생산에도 사용되었다. 버드나무는 빠르게 성장하기 때문에 오늘날 바이오 연료로 많이 길러지는데 특히 물이 고여서 농사를 짓기 어렵게 된 곳에서 기른다. 버드나무는 또 폐수 처리와 오염된 땅의 복원을 위한 습지를 만드는 데 효과적인 수단이다.

버드나무 종의 다양한 용도 가운데 하나로 전통 의학에서 버드나무 제품을 폭넓게 활용한 것을 꼽을 수 있다. 아시리아, 수메르, 이집트의 고대 문헌에서 류머티스성 통증과 발열을 치료하는 데 버드나무 잎과 껍질을 사용했다는 언급이 있다.[79] 고대 그리스의 의사 히포크라테스는 기원전 5세기에 버드나무의 다양한 의학적 특성에 대해서 기록하였고, 같은 시기에 아메리카 대륙 전역의 원주민들은 버드나무를 기본 의학 처치에 이용했다. 더 나아가, 버드나무에서 얻는 화학물질인 살리신은 항염 및 통증 완화 효과가 있어서 근대 최초의 '특효약'으로 1897년에 생산되기 시작한 아스피린 제조에 사용되기도 한다.[80]

생태계에 영향을 미치는 다양하고도 중요한 역할부터 의례, 의학, 건축에서의 이용을 비롯한 다양한 실용적 용도까지, 여기에 더해 사람들이 즐기는 경관으로서의 가치까지 버드나무는 매우 많은 기여를 하고 있다. 버드나무가 없다면 우리의 삶은 더욱 빈약해지는 것은 물론 지금의 풍요로움을 꽤나 잃어버릴 것이다.

수명이 엄청나게 긴 주목

주목이라는 더 짧은 이름으로 널리 알려진 서양 주목(朱木)은 유럽 전역, 북서 아프리카, 이란 북부, 그리고 남서 아시아에 이르기까지 널리 분포하지만 영국의 도시, 마을과 시골에서도 쉽게 발견할 수 있는 흔한 나무다. 주목은 다른 '일상적인' 나무들과 마찬가지로 자연 시스템은 물론 인간과 공동체의 행복에 중요한 역할을 한다.

주목에 대한 가장 놀라운 사실은 수명에 있다. 주목은 길게
는 400~600년을 사는데, 논란은 있었지만 5,000~9,500년
을 살았다는 사례도 있다.[81] 이 놀라운 수명은 주목이 다른 나
무들처럼 병에 걸려 쓰러지지 않고 나무가 갈라져서 재생되
는 능력이 있기에 가능한 것이다. 정확한 수명이 어찌되었건
주목은 유럽에서 모든 식물 가운데 가장 오래 살아온 나무
다. 지금까지 살아있는 나무 중 일부는 중세 시대 또는 심지
어 기원전에 처음 뿌리를 내렸을지도 모른다.

주목이 자연적 의미를 넘어 인간 공동체에서 대표적인 나
무가 되고 종종 특별한 의미를 갖는 것은 이렇듯 수명이 엄
청나게 긴 결과다. 예를 들어, 스코틀랜드 퍼스셔에 있는 포
팅걸 주목은 영국에서 둘레가 가장 길다고 기록된 나무다.
지금 서 있는 장소에서 2,000~3,000년 동안 자랐을 것으
로 추정된다. 스페인의 아스투리아스 자치주에는 둘레 길이
가 6.28미터에 높이가 15미터나 되는 베르미에고 주목이 있
는데, 1995년 아스투리아스 정부가 이 나무를 천연기념물로
지정했다.[82]

주목의 놀라운 수명은 주목의 정신적, 문화적인 가치의 크
기를 가늠하게 한다. 주목은 영국과 북유럽의 교회 마당에서
흔히 발견되는데, 이는 주목이 지닌 상징적인 중요성 때문에
기독교 시대 이전의 성스러운 장소에 이미 존재하고 있었고,

그 장소를 차지한 교회 설립자들이 그곳에 교회를 세우는 경향이 있었다는 것을 보여준다. 일부 전통문화에서 주목은 죽음을 넘는 초월을 상징하는데 이는 주목의 놀라운 수명과 높은 회복력과 관련이 있다는 것이 거의 확실하다. 주목은 또한 고대 종교와 조상들과의 연결을 비롯해 땅과 사람과의 연결 고리로 여겨진다.

주목은 대부분 독성이 강한데, 잎의 독성은 잎이 마른 뒤에도 남아있다. 이는 당연히 초식동물의 먹이가 되는 것을 피하기 위한 것으로, 그들이 속해 있는 생태계 안에서 진화하면서 적응했음을 보여준다. 그러나 이러한 '화학적 무기'를 갖추도록 진화한 결과, 약으로서 다양한 용도를 지닌다는 측면에서 인간의 행복에 크게 기여한다. 이 약들 가운데 중요한 것은 타목시펜이라는 약학적 이름으로 더 잘 알려진 택솔 분자다. 타목시펜은 항암제로서 널리 사용되는데 특히 유방암 환자를 비롯한 전 세계 많은 사람들의 삶을 크게 향상시켰다.

사람들은 주목으로 창머리도 만들었다.[83] 무른 나무 가운데 매우 단단한 축에 속하기 때문에 작업하기에 용이하다. 주목으로 만든 큰 활도 유명한데, 목재의 탄력성과 견고성을 동시에 이용한 것이다. 주목은 류트(14~17세기에 유럽에서 크게 유행했던, 기타와 비슷한 현악기-옮긴이)를 만드는 목재로 가장 사랑받았고, 주목의 재배와 무역에 대해 유럽 전역의 왕실이 독점을 했을 정도로 목공용 목재로 선호된다. 현대에도 주목은 원예에 널리 활용되며, 촘촘한 바람막이로서 정원, 도시풍경과 자연 경관의 구성에도 이용된다.

나무의 가치를 알아보다

나무는 그늘과 시원함을 제공하고, 폭풍의 파괴적인 힘을 누그러뜨리는 장벽이 된다. 또 탄소를 저장하고, 물과 영양분을 순환시키는 수단이기도 하다. 나무는 풍부한 야생동물을 초대하는 둥지 역할을 하는데, 정원의 식물과 농작물에 피해를 주는 해충을 잡아먹는 곤충과 새를 비롯한 다양한 생물에게 먹이를 공급하며 보금자리가 되어준다.

나무는 문화적 의미를 지녔으며 정신적인 풍요를 제공하기도 한다. 오래된 나무 둥치에 새겨지는 나이테가 많을수록 인간의 신화와 결합될 가능성도 커진다. 또 약의 제조에 사용되는 물질들의 풍부한 보고이기도 하다. 도시의 가로수건 시골의 산울타리건 또는 숲에서건, 나무는 쉼 없이 이 모든 혜택을 전해주고 있다. 나무의 가치를 과소평가하고 해치는 것은 치명적인 결과를 불러올 것이다.

숲은 막대한 양의 탄소를 붙잡아 보관함으로써 전 세계 기후를 안정시키고 지역 기후에도 큰 역할을 한다. 예컨대, 증발된 수분을 효과적으로 다시 포획하고 순환시킴으로써, 또 야생동물의 다양성을 위해 꼭 필요한 수자원을 유지함으로써 지역의 생태계를 녹색으로 무성하게 하고 생물 다양성을 보존하게 해준다.

콩고 분지의 거대한 열대우림에 내리는 비의 무려 90%를 열대우림 자체가 만들어낼 정도다. 그리고 거대한 아마존 열대우림은 전 세계 물의 순환과 기후에 엄청나게 중요한 역할을 한다. 아라비아해와 연결된 인도 서고츠산맥의 얇은 띠 모양의 열대우림과 마른 숲은 데칸 반도 전체에 굉장히 중요한데, 아라비아해에서 불어오는 습한 바람에서 포획한 습기를 머금어 코베리강, 크리슈나강, 고다바리강의 웅장한 흐름을 유지하는 것이다. 이들 숲이 없다면 데칸 반도는 건조해질 것이고 수억 명의 사람들은 생계를 유지할 수 없을 것이다.

전 세계 숲 생태계에서 일어나는 수분의 증발은 '대기의 강'을 형성하는 데 크게 기여한다. 대기의 강은 1부의 '목욕 시간'에서 살펴보았듯이, 대기 속에 수백 킬로미터 넓이에 수천 킬로미터 길이의 집중된 수분 기둥으로 형성되어 지구 수증기의 운반에 대단히 큰 역할을 한다.[84]

나무와 공존해야 하는 까닭

생태적 의식이 깨어있다고 생각하던 우리 가족이 자작나무를 베어냈다. 우리 집과 주변에서 겪을 수 있는 피해를 방지하기 위해서라는 이유가 있긴 했다. 그리고 자연의 혜택에 대한 손실을 어느 정도 만회하기 위해 더 작은 종의 토종 나무를 다시 심었다. 그럼에도 나무를 베어내는 것은 자연이 주는 모든 혜택과 그것을 넘어서는 더 많은 것들에 영향을 미치기에 쉽게 정당화되기 어렵다. 사소한 듯 보이는 각각의 손실도 하나로 모이면 전체 자연의 온전함과 회복력의 훼손, 즉 우리는 물론 미래 세대를 보호하고 지원하는 자연 세계의 능력을 훼손하는 것을 의미한다.

인간은 나무를 비롯한 자연이 인간에게 주는 혜택을 제대로 인정하지 않은 채 살아왔다. 흔히 역사상 산업화 시대에 들어서면서 자연 생태계의 중요성을 무시해왔다고 생각하지만 더 거슬러 올라 아마도 철기 시대의 삼림 벌채 이후로 쭉 이어져온 것 같다.

그러나 이제 더 이상 무시할 수 없다. 우리는 공존하는 법을 배워야 한다. 식량을 생산하고 집, 산업, 사회 기반 시설을 개발하는 행위를 우리가 살고 있는 자연 세계의 다양한 기능들에 대해 더욱 공감하고 존중하는 방식으로 바꿔야 할 것이다. 그렇지 않으면 아마도 우리의 끊임없는 일상적인 '타당한 필요들'이 자작나무, 버드나무, 주목 같은 나무들은 물론 우리와 우리 자손들의 미래를 지키고 지원하는 자연의 능력을 망쳐버리는 어두운 현실을 맞이하게 될 것이다.

5
물고기가
왜 특별하지?

많은 사람들이 생선을 즐겨 먹는다. 생선은 중요한 단백질 원이다. 사실상 어류는 세계 식량 공급의 중요한 요소로 사람들이 섭취하는 모든 동물성 단백질의 약 20%를 차지한다. 이 수치는 어떤 나라에서는 50%에 달하고, 서아프리카와 아시아 남부의 많은 나라에서는 60%에 이른다.

이런 통계만 보더라도 생선에 반죽을 입혀 조리된 모습으로 접시 위에서 마주할 때, 치과 대기실 어항 속이나 동네 다리 밑 강가에서 분주히 헤엄치는 모습을 볼 때 이제까지와는 조금은 다른 의미로 물고기를 접할 필요가 있을 법하다.

지금부터 물고기의 특별함에 대해서 차근차근 살펴보도록 하자.

물고기의 다양한 쓰임새

전 세계 어류 생산량은 닭고기, 소고기, 돼지고기 각각의 생산량을 넘어선다.[85] 세계 생선 소비량의 2/3가량을 아시아가 차지한다. 1억 2천만 명이 세계적으로 어업 분야와 그 공급망에서 일하고 있는 것으로 추산되는데, 그중 절반은 여성이다. 그런 이유로 어업 활동은 성평등, 생계와 가정 재정에 크게 기여하고 있다. 막대한 양의 어류가 생계 수단으로 이용되기 때문에 전 세계 어업의 재정 규모를 정확히 추산하기는 어렵지만, 2017년 세계 어류 수출 가치는 1,520억 미국 달러이고, 54%가 개발도상국에서 생산되었다.[86]

식품원으로서의 가치에 더해 시장성 있는 어류[87]와 관상용 어류[88]의 상당한 국제 교역은 경제적으로도 또한 생계와 생활양식을 지원하는 것으로도 사회에 매우 가치가 크다. 어류는 또 매우 다양한 용도로 활용된다. 예를 들어 기름 추출, 비료와 가축의 사료 생산, 장식에 사용되며 그 밖에도 쓰임새가 다양하다.

놀라운 사례의 하나로, 북아메리카 태평양 연안에 서식하는 율라칸(빙어의 일종-옮긴이)은 산란기가 되면 몸무게의 15%에 달하는 지방을 몸에 지닌다. 말린 율라칸에 심지를 달아 촛불로 태울 수도 있다.[89] 또 아마존 강 유역에서 잡히는 아라파이마(세계에서 가장 큰 민물고기-옮긴이)의 날카롭고 거친 비늘은 화살촉으로 사용되며, 잉어의 일종인 인도의 마흐시어^{mahseer}의 아주 큰 비늘은 접시와 다양한 장식으로 쓰인다.

환경을 조절하는 물고기의 역할

어떤 종류의 물고기들은 질병을 통제하는 중요한 역할을 한다. 이는 물고기가 물벼룩, 모기 유충, 수인성 기생충의 매개체나 말라리아, 주혈흡충증, 사상충증, 리프트밸리열, 웨스트나일열 같은 질병을 퍼트리는 매개체가 되는 수중 생물들을 잡아먹어 그 숫자를 조절하기 때문이다.

열대지방 사람들은 말라리아를 일으키는 모기 유충을 통제하기 위해 몇몇 물고기들을 폭넓게 이용해왔다. 모기 유충을 잡아먹는 '모기물고기'에는 여러 물고기 종이 포함되는데, 대표적으로 태생어(알을 낳지 않고 자유롭게 헤엄치는 어린 새끼를 출산하는 물고기)와 구피, 모기송사리^{Gabusia affinis}가 그들이다. 열대 수역의 모기 유충을 통제하기 위해 이들 물고기가 활용되었지만 결과적으로 그 효과는 약간 불확실하다.[90]

1960년대 공공 수도 시스템이 생기기 전 스웨덴의 일부 지역에서는 뱀장어를 집 우물에 넣어서 벌레, 파리, 다른 해충을 통제했다. 심지어 그런 뱀장어 가운데 한 마리는 비정상적으로 장수를 누렸는데 무려 155년을 살다가 2017년에 죽어 가장 오래 산 뱀장어로 기록되었다.[91] 이 뱀장어는 같은 가족의 우물에서 프랑스의 왕 나폴레옹 3세가 수에즈 운하를 건설하기 시작했을 때부터 살기 시작하여 두 차례의 세계대전을 겪어내었고 말년에는 가족의 반려동물로 여겨졌다. 이 기록적인 수명을 자랑하는 뱀장어는 같은 우물에 살던 백열 살로 추정되는, 자기보다 젊은 뱀장어보다 더 오래 살았다.

그러나 어류는 야생동물에 영향을 끼치는 일부 기생충의 매개체가 될 수 있고, 어떤 어류는 익히지 않고 먹으면 사람에게 감염을 일으킬 가능성이 있다. 그러므로 어류 자원을 관리하고 이용할 때에는 신중한 고려가 필요하다.

어류는 담수 생태계의 자연 정화 과정에 한몫한다. 그리고 인간 사회의 오염 관리 법령, 기술, 투자를 포함한 물 환경의 질을 관리하는 방법에 큰 영향을 미친다. 물 관리에 이용되는 수질 표준에는 담수어 무리의 역할이 들어있다. 예를 들어 1978년에 제정된 유럽연합 환경 법령의 하나로 유럽연합 담수어 지침EU Freshwater Fish Directive[92]이 거기에 포함된다. 또 담수어 어업에 관련된 많은 판례법이 있다.[93] 이 법들은 다양한 공익을 위한 물고기 개체군 유지의 중요성을 반영한다.

그러나 부적당한 종류의 물고기가 존재하는 것만으로도 생태계의 균형과 질에 문제가 생길 수 있고, 사람에게도 부정적인 결과를 가져올 수 있다. 전형적으로 어느 물고기 종이 전혀 새로운 지역에 도입되었을 경우에 그 지역에서 공진화한 다른 유기체에게 '견제와 균형'의 대상이 되지 못하면 이런 상황이 발생한다.

전 세계적으로 널리 퍼진 외래종 사례로 유럽잉어 또는 유라시아잉어Cyprinus carpio를 들 수 있다. 이들은 원래 흑해와 카스피해 연안에 서식하는 민물고기 종으로 먹이를 찾기 위해 침전물을 파헤치는 특성이 있다. 이 잉어는 잡식성으로 몸집이 꽤 크고 단백질을 풍부하게 함유하고 있다. 그래서 극지방을 제외한 모든 대륙으로 퍼져나갔는데, 종종 그곳의 생태계를 심하게 교란하여 야생동물과 수자원에 해를 끼쳤다. (내가 나의 다른 책 두 권에서 유럽잉어를 '지느러미 있는 돼지'라고 묘사한 것은 타당한 이유가 있다.[94, 95]) 이렇듯 외래종 물고기들이 고의나 사고로 양식장 밖으로 유출되거나, 반려 물고기 거래 또는 낚시에 대한 관심으로 급속히 퍼져서 생태계와 사람들에게 예측하지 못했던 불리한 결과를 불러오는 원인이 되고 있다.

우리의 삶을 풍요롭게 하는 물고기

물고기는 인간 사회를 풍요롭게 하는 데 중요한 역할을 하지만 그 가치를 충분히 인정받지 못하고 있다. 한 어장 생태계가 지역 공동체의 문화, 전통, 경제와 전체 사회를 떠받치는 것에 대해 얼마나 존중받는지는 그 어류 자원이 훼손되거나 사라졌을 때 취해지는 다양한 법적 소송으로 분명하게 드러난다. 그 한 예로, 미국의 그랜드쿨리 댐의 영향을 받은 공동체에게 상당한 규모의 법적 배상금이 지급된 사례를 살펴보자.

1933년에서 1955년 사이에 수력 발전과 관개 용수의 공급을 위해 그랜드쿨리 댐이 개발되면서 어류의 이동이 영향을 받게 되었다. 특히 토종 태평양 연어와 상류 지역에 사는 아메리카 원주민들의 생계에 미친 영향이 제대로 고려되지 않았다. 연어를 비롯한 어류들은 그 지역 원주민의 문화와 정체성 형성 그리고 경제 활동의 중심이 되어왔다. 1951년 콜빌 연합 부족들은 자신들 문화의 바탕이 되었던 어류의 개체 수가 격감하면서 입은 손실에 대해 미국 정부를 상대로 소송을 제기했다. 원주민 소송 위원회는 1978년, 소송을 제기한 지 무려 27년 만에 댐과 관련해서 발생한 소득에 대한 손해를 부족들이 모두 배상받을 수 있다는 판결을 받았다. 미국 정부는 계속되는 소득 기회의 감소를 계산하여 매년 1,500만 달러를 지급하는 것을 포함해서 총 6,600만 달러의 역사적인 배상금을 지급했다.

연합 부족들이 입은 전통과 문화에 대한 피해는 사실상 회복될 수 없었는데, 금전적인 배상만으로 처리된 것은 적절치 않은 점이 있다. 하지만 상당한 배상금이 지급된 것으로 연어의 자연적 순환과 다른 토종 어류가 부족의 문화에 미치는 중요성을 어느 정도 가늠할 수 있을 것이다.

일본 사람들은 그들의 해양 환경과 어류, 그 밖의 해양 자원에 아주 밀접하게 연결되어 있다. 일본의 신화, 문화와 식생활에서 어류는 중요한 특징으로 자리 잡았다.

일본 문화에서 어류의 중요성을 보여주는 여러 특징 가운데 하나는 참치 구입에 지불하는 가격에서 볼 수 있다. 믿기 어렵겠지만, 2012년 도쿄의 츠키지 수산물 시장에서 269킬로그램인 참다랑어 한 마리가 전 해의 거의 두 배에 가까운 기록적인 가격인 736,000미국달러(5,649만 엔)에 팔렸다.[96] 이 돈을 지불한 경매 낙찰자는 자칭 '참치 왕' 기무라 기요시로 스시 레스토랑 체인의 사장이었다. 그는 놀랍게도 2013년에는 222킬로그램 무게의 참다랑어 한 마리에 170만 미국달러(1억 5,500만 엔)를 지불해서 이전 해보다 2배가 훨씬 넘는 돈을 지출했다.[97] 더욱 놀랍게도 2019년에도 그는 새해의 첫 경매에서 278킬로그램의 거대한 참다랑어를 310만 미국달러라는 기록적인 가격에 구입하여 자신의 기록을 경신했다.[98] 이렇게 높은 가격은 의심할 여지 없이 식당 주인들의 상술과 관련이 있지만, 이 놀랍고도 카리스마 넘치는 바다 포식자가 갖는 위상과 더불어 그 희소성이 커진 것을 반영하기도 한다.

시장 가격은 생태계와 그 속에 있는 생물 종들이 사람들에게 제공하는 다양한 혜택에 비하면 빈약한 가치 평가다. 하지만 적어도 미식적 쓰임새를 비롯한 다양한 실용적 용도로 사용되는 이들 생물 종의 최소한의 가치를 어느 정도는 알 수 있게 해준다. 예를 들어, 비단잉어는 선명한 색깔로 일본 뿐만 아니라 전 세계 어디서나 높이 평가받는다. 비단잉어는 수세기 동안 선택적으로 교배되고 키워져서 살아있는 예술로 여겨진다. 예술 작품에서 연못까지, 그리고 요리, 연, 문신에 이르기까지 일본 문화에서 아주 흔히 볼 수 있다. 비단잉어는 또 장수와 번영을 상징하는데 이 최고급 물고기를 소유함으로써 높은 지위를 부여받는다.

2010년, 영국의 한 수집가가 비단잉어 한 마리를 100,000 파운드에 샀다는 기록이 있다. 특히 눈에 띄는 무늬가 있는 비단잉어는 많게는 500,000파운드까지 세계 어디에서나 팔릴 수 있다.[99] 지금까지 팔린 비단잉어 가운데 가장 비싼 것은 220만 미국달러에 달했다고 알려져 있지만, 일본에서는 최상급 비단잉어의 소유 사실이나 가격이 철저히 비밀로 지켜지고 있다.[100]

레저 어업도 문화적, 경제적 중요성을 지닌다. 관련 경제 규모도 상당하다. 예를 들어, 영국의 스포츠 위원회는 영국의 낚시꾼들이 연간 12억 파운드(부가세 제외)를 지출했다고 추산했다.[101] 1994년 하천관리청은 잉글랜드와 웨일스에만 290만 명의 담수와 바다 낚시꾼이 있으며, 매년 33억 파운드를 지출한다고 결론 내렸다.[102] 스코틀랜드 정부는 연어 낚시가 스코틀랜드 경제에 미치는 가치가 연간 1억 2천만 파운드가 넘는다고 추정했다. 반면 스코틀랜드 연어 그물어업의 가치는 175만 파운드로 무척 낮다.[103] 아일랜드 공화국의 낚시 관광 산업 역시 최소 6,600만 파운드의 가치가 있다고 보고되었다.[104]

영국 노동당의 '낚시 헌장'[105]은 영국 전역에서 연간 50억 파운드를 낚시에 지출한다고 추산하고 있다. 비록 비용이 많이 들기는 하지만 낚시 활동과 이에 관련된 취미 활동이 건강과 생활 방식에 좋은 영향을 미친다고 한다.[106] 담수어 낚시는 사회적 결속을 강화하기도 하는데, 단지 낚시 모임이나 낚시 도구를 제공하는 기반 시설, 숙박시설과 그에 따른 고객 서비스에만 국한된 것이 아니라, 사회적 배제를 방지하고 젊은이들이 반사회적 행동에서 멀어지게 하는 더욱 중요한 역할도 한다.[107] 영국에는 낚시를 하는 사람이 무척 많은데, 성인 인구의 9%를 차지하는 380만 명의 민물고기 낚시꾼이 있으며, 추가로 8%의 사람들이 '아주 많이' 또는 '꽤' 낚시에 흥미가 있다고 한다.[108, 109]

물고기의 이용 가운데 특별히 흥미로운 것 하나는 '테러와의 전쟁' 최전선에 물고기를 배치하는 것이다. 미국에서는 특히 뉴욕 맨해튼 세계무역센터의 공격에 따른 대응이자 테러에 맞서는 수단으로 물고기를 이용하고 있다.[110, 111] 테러리스트가 도시 상수도에 독을 타는 것에 대한 염려 때문에, 2006년부터 샌프란시스코, 뉴욕, 워싱턴 DC, 그 밖의 몇몇 주요 도시의 테러 경고 시스템에 물고기들이 배치되었다. 도시 수도관으로 내보내는 물 저장 탱크에 물고기들을 넣었는데, 독성의 정도에 대한 민감성이 실험실의 테스트 장비보다 훨씬 더 신속하고 정확하기 때문에 '탄광 속의 카나리아'와 같은 역할을 하는 것이다. 정교한 비디오와 행동 모델로 물고기의 호흡, 심장 박동, 수영 패턴을 24시간 모니터링해서 상수도의 오염 가능성에 대해 전자 경고가 자동으로 작동한다.

테러와 관련된 것은 아니지만 물고기 덕분에 뉴욕시에 공급되는 상수도가 오염되지 않고 통제 불가능에 이르기 전에 시스템에서 독을 차단했다는 문서 보고가 적어도 한 건은 있다. 물고기는 도시의 환경보호과에서 사용하는 다른 탐지 장치에서 알아낸 것보다 2시간이나 먼저 오염 흔적에 대해 반응했다.(하지만 흥미롭게도, 최근 몇 년 동안 인터넷에서 물고기의 이런 이용에 대한 온라인 문건들이 대거 삭제되었다.)

많은 담수 종들이 멸종 위험에 처했고[112], 담수 서식지와 생태계는 누적되는 인간 활동의 압력에 영향을 받아 사람의 행복을 지원하는 능력이 약화되고 있다. 세계적으로 가장 가파르게 감소하는 생태계인 것이다.[113] 지역적 예로, 2007년에 유럽의 담수어 어종 522개 가운데 200종(38%)이 멸종 위협을 받고 있다고 평가되었다. 나아가 12개 종은 이미 멸종했는데, 이는 유럽의 새들이나 포유류보다 담수어가 훨씬 더 큰 위험에 빠져 있음을 보여준다.[114] 세계적으로는 10,000개로 기록된 담수어 어종 가운데 20%가 위협받거나 멸종 위기

내지는 몇 십 년 내로 멸종될 종으로 목록에 올라 있다.[115]

어류는 그 자체로도 환경의 한 요소로도 생태 관광 시장을 상당히 활성화할 수 있다. 특정 지역 생태 관광의 가치는 영국 농업 생산의 지역적 경제 가치를 초과할 수도 있어 보인다.[116] 일부 지역의 어류와 관련된 관광은 국제 관광에서 상당한 부분을 차지한다. 어류 자원을 여가에 이용하는 시장이 활성화되면 지역 공동체에 재투자를 할 수 있고, 이 투자가 위협받는 어류 자원, 어류와 관련된 생태계와 그들이 인간에게 제공하는 많은 혜택을 보존하기 위한 지역적 활동을 뒷받침하는 효과적인 인센티브가 될 수 있다.[117]

담수어와 그들이 사는 생태계는 사람들이 자연과 연결되도록 고무한다. 예를 들어, 어류는 정기적으로 TV와 라디오 방송(영국 BBC의 인기 있는 주요 방송 시간인 스프링워치Springwatch 시리즈)이나 문학(잘 알려진 예로 헨리 윌리엄슨의 1936년 책《연어 살라르 Salar the Salmon》[118])에 등장한다. 물고기와 낚시는 또한 프란츠 슈베르트의 클래식 음악 작품 "송어Die Forelle"[119]를 비롯해 많은 인기 있는 음악에 영감을 주었다.[120] 대서양연어와 같은 유명하고 카리스마 있는 물고기 종은 예술과 공예의 주목을 받는다. 영국의 담수에 사는 덜 카리스마 있는 작은 물고기인 로치roach[121](잉어과 물고기-옮긴이), 황어[122], 그리고 수많은 '아주 작은 물고기들' 역시 그렇다.[123]

민물 생태계에 사는 유명하고 카리스마 있는 물고기에 대한 문화적 존중과 평가는 보존 프로젝트에 대중과 조직을 동원하는 데 구심점이 될 수 있다. 예컨대 템스 연어 트러스트Thames Salmon Trust는 1986년에 등록된 공익단체인데, 오늘날 연어와 송어(철새처럼 이동하는 바다 송어)가 다시 돌아올 수 있도록 강을 재건하겠다는 야심찬 목표로 템스 하천 트러스트로 다시 구성되었다.[124] 템스 하천 트러스트는 하천 시스템의 온전한 상태를 위한 규제 기관, 지방 당국, 자원봉사 단체의 제한적이고 규율 중심의 투자를 조정하고 힘을 실어준다.

하천 트러스트와 같은 활동은 영국 전역과 아일랜드를 포함한 부근의 섬들 전체에서 찾아볼 수 있는데, 물고기는 종종 상징적인 존재가 되어 사람들을 고무하고, 하천 시스템의 건강과 사회적 통합 강화를 상징하기도 한다. 이러한 노력들은 어류는 물론 다른 야생동물의 미래에 희망을 불러왔을 뿐만 아니라 홍수 위험에 대한 자연적 관리, 생활 편의시설 제공, 물가 재생, 인접 부동산 가치 상승과 도시 환경의 전반적인 향상까지 그에 관련된 일련의 광범위한 사회적 혜택을 높인다.[125, 126, 127]

어류는 수익성 좋은 세계 무역의 대상이기도 하다. 영국에서는 270만 개의 실내 수조(6%가 가정용)와 130만 개의 야외 연못이 6,700만 파운드 가치의 반려동물 먹이 시장을 지원하고 있다.[128] 미국에서는 2016년에 인구의 10%가 반려동물로 담수어를 키우고 2%가 염수어를 키워서 이 둘을 합친 물고기 먹이 시장의 가치는 1억 4,200만 미국달러에 이른다.[129] 이는 마치 우리의 일상생활에서 물고기들을 위한 공간과 그들을 지원하는 환경을 마련해야 한다는 잠재의식이 우리 내면에 자리하고 있는 것처럼 보이게 한다.

그러나 엄청나게 큰 액수이긴 하지만 물고기의 가치를 조잡한 금전적인 합계로 축소하는 것은 인류에 대한 그들의 중요성을 표현하는 데에 전적으로 불충분하다. 물고기의 중요성에는 그들의 효용뿐만 아니라 생태계에서 그들이 하는 아주 많은 일도 포함되어야 한다.

생태계 균형을 위한 물고기의 역할

물고기들은 최고 포식자부터 해조류를 먹이로 삼는 가장 아래의 물고기 종까지 모든 단계의 담수 먹이 그물에서 중요한 역할을 한다. 그런 이유로 물고기는 생태계 안에서 에너지와 영양분을 비롯한 물질 순환의 유지에 중요하게 연결된다. 그들은 결론적으로 자연의 생산력과 회복력, 인류에 대한 폭넓은 혜택을 지속적으로 제공하는 데에 결정적인 역할을 하고 있다.

다양성과 풍부함을 대표하는 물고기 종들은 수중 생태계의 전반적인 건강에 대한 지표로 이용될 수 있다.[130] 그리고 그들의 회복력과 잠재력을 확장하여 미래 인류의 필요에 부응할 수 있다.

물고기와 그들이 필수적인 부분을 차지하는 수중 생태계가 우리의 지속적인 건강, 부, 삶의 질에 기여하는 바는 그들의 풍부함만큼이나 다양하다. 그리고 이 모든 혜택은 물론 아주 밀접하게 서로 연결되어 있다. 그래서 우리가 어류 자원과 그들이 사는 물 환경을 대하는 방식이 혹시 그들의 섬세한 균형, 안정성, 잠재력을 교란하지는 않는지 반드시 세심하게 고려해야 한다.

일반 대중에게 특별한 감정을 불러일으키는 물고기는 많지 않다. 대체로 새와 같이 카리스마가 있는 유기체와 겨룰 만한 매력이 있는 것도 아니다.[131] 그럼에도 앞의 내용에서 보았듯이, 어떤 물고기는 보기 드물게 문화적 중요성이 크기도 하고 시민단체와 그 회원들의 에너지를 끌어모으는 카리스마 있는 상징이 되기도 한다.

우리는 어류 자원을 이용하거나 관리할 때 불거질 수 있는 갈등을 잘 처리해야 한다. 파괴적인 관행이나 어류를 지나치게 포획하는 것은 물론 자급자족의 어업 방식도 어업 생태계와 그들이 제공하는 다양한 혜택에 상당한 압박을 줄 수 있기 때문이다. 또한 수중 생태계와 어류 자원의 특징에 큰 영향을 미치는 주변 환경의 이용과 관리에 따른 잠재적 갈등도 주의 깊게 고려해야 한다.

그러나 무엇보다도, 단지 가끔 그들을 먹거나, 낚시를 가서 잡거나, 반려동물로 기르는 사람들을 위해서가 아니라 물고기가 처한 문제 자체를 잘 인식해야 한다. 번창하는 어류 개체군의 존재는 우리의 물 환경이 건강하다는 것을 보여준다. 물고기는 생태계의 중요한 구성원이다. 그들은 주요한 수인성 질병을 통제하는 역할을 하며 문화적이고 경제적인 가치를 제공한다.

이렇듯 다양한 방법으로 우리 삶을 풍요롭게 해주고 있기에, 모든 물고기는 꽤나 특별하다!

6
우주여행의
생태계

1969년 7월 21일, 나는 상당히 피곤했다. 그도 그럴 것이, 이때 나는 초등학교 마지막 학년이었는데, 전날 밤 닐 암스트롱과 버즈 올드린이 아폴로 11호 달착륙선을 달에 착륙시키는 텔레비전 생중계를 보는 것을 허락 받고 늦게까지 자지 않고 있었기 때문이다.

새벽 2시 56분(영국 시간)에 암스트롱이 "인간의 작은 한 걸음"으로 달 표면에 회색 먼지를 일으키는 모습을 보았다. 그 모습은 무척 흥분되고 장엄했으며 시대를 새롭게 정의하는 것이었다. 그때 나는 "인류의 거대한 도약"을 가능하게 한 인간 종의 독창성에 대한 자부심으로 가득 찼다.

물론 이 사건 덕분에 내가 과학에 매진하여 생태계를 연구하고 생태계와 우리의 상호의존을 연구하게 되었다고 한다면 사실이 아닐 것이다. 실제로 나는 아주 어린 시절부터 물에 사는 모든 것에 참을 수 없는 열정이 있었다. 그렇더라도 그 역사의 창을 통해 겉보기에는 한계가 없을 것 같은 과학과 기술이라는 뚜렷한 시대정신을 감지할 수 있었다.

많은 사람들이 달의 지평선 너머로 떠오르는 우리의 작디작은 푸른 행성 최초의 '지구돋이'를 보고 얼마나 깊은 인상을 받았는지는 말할 필요도 없다. 당시에는 과학 문명과 기술에 대한 기대와 평판이 오늘날 우리가 잘 알고 있는 논쟁거리들, 즉 기후 변화와 산성비, 유전자 변형 생물체와 식품들, 통제를 벗어난 나노기술, 인공 생물학, 영구 플라스틱의 축적과 전자 폐기물 문제 등의 그늘을 드리우기 전이었다.

인류의 진보

인류는 사냥과 채집을 하다가 정착 후 문명을 이루면서 진보의 발을 내디뎠고, 단순히 수확하는 것에서 자연을 활용하는 것으로 전환하면서 엄청난 기술 발전을 이루었다. 9,000년 동안 지속된 이 여정의 핵심에는 물에 대한 통제가 있었다. 그날그날 힘들게 음식을 획득하던 것에서 벗어나 경작과 목축을 통해 정착과 생산력 발전을 이루면서 사회 진화의 기초를 다지게 된 것이다. 이때 농경지에 물을 대는 관개, 물을 통한 수송, 수렵에의 이용 등 물을 통제할 수 있었던 것이 큰 힘이 되었다. 이후에는 석탄과 석유, 방사선 물질을 비롯한 다양한 천연자원을 이용함으로써 인류는 고도의 기술과 에너지 체계를 확립할 수 있었다. 이 덕분에 인류는 모든 생명의 터전인 행성 지구에서 독보적인 위치에 오르며 다른 동물들과 완전히 차별적인 존재가 되었다.

이러한 현실을 반영하는 자연에 대한 인간의 우월감은 서양 세계의 기록된 역사 대부분에 널리 퍼져 있다. 성경의 창세기에는 "하나님께서 그들에게 복을 주시고 하나님께서 그들에게 말씀하시기를 '다산하고 번성하며 땅을 다시 채우고 그것을 정복하라. 그리고 바다의 고기와 공중의 새와 땅위에서 움직이는 모든 생물을 다스리라' 하시니라."라고 나와 있다. 이 대목에 대해 지구를 더 잘 관리해야 할 역할을 언급한 것이라는 해석도 있다. 2015년에 프란치스코 교황의 환경에 관한 회칙인《찬미 받으소서》에서는 '우리 공동의 집' 지구를 돌봐야 하는 인류의 의무에 대해 명시하고 있기도 하다.[132] 이런 언급은 다른 신앙에서도 많이 찾아볼 수 있다.

어쨌든 우리 인간은 정복하고 지배하는 일만큼은 아주 잘하고 있다. 77억을 훌쩍 넘어선 두 발 동물들은 이제 모든 대륙을 활보하면서 자원을 죄다 추출하고 서로 거래한다. 이들의 기술 능력은 대륙을 가로지르는 전체 강 시스템의 방향마저 바꿀 수 있고, 지구 위의 모든 생명을 없애버리기에 충분한 수많은 무기와 핵 발전소를 갖고 있다. 이들은 심지어 우주로 나아가 지구에서 400,000킬로미터 가까이 떨어져 있는 다른 세상의 지면에도 발을 디뎠다. 하지만 스스로를 자연에 포함된 일부가 아닌 특별하고 우월한 존재로 생각하는 것은 매우 잘못되고 심각한 오만이다.

두 번째 지구는 없다

우주의 어디까지 나아가든 우리는 먹고, 마시고, 숨을 쉬어야 한다. 우리는 우리의 생명을 지탱하는 생태계와 함께 진화한 육상 동물이다. 우리의 모든 발전과 혁신, 매사의 결정에서 이 점을 잊어서는 안 된다. 우리는 대기권 상층부나 그 너머로 여행할 때조차 지구의 자원을 함께 가져가야만 한다.

나사^{NASA}에서 채택하거나 환경 제어 및 생명 유지 시스템 ^{ECLSS} 같은 장치에서 활용하는 첨단 생명 유지 장치는 고체, 액체, 기체 물질의 기본 자원을 공급하고, 그 사용으로 발생하는 폐기물을 처리하는 것이 핵심이다. 환경 제어 및 생명 유지 시스템 기술은 동일한 온도와 기압을 유지해주며, 지구 성층권이라는 천연 보호막의 보호를 더 이상 받지 못하게 될 때에 우주에서 오는 높은 강도의 방사선에서 우리를 보호해준다.(지구의 성층권은 그것이 보호하는 생명들과 긴밀한 상호작용을 통해 유지되는 놀라운 시스템이다. 하지만 우리는 아마도 그런 사실이 얼마나 놀라운지 생각조차 하지 않거나 당연하게 받아들이고 있다.)

우리는 우주에서 지낼 때에도 매일 음식과 물, 산소가 필요한데, 이들 모두의 질량을 합쳐서 5킬로그램 정도가 있어야 한다. 또한 생물학적 고체 폐기물인 머리카락, 손톱, 피부 각질을 포함해 동일한 무게의 고체, 액체, 기체 형태의 폐기물이 발생한다.[133] 우리는 놀라운 효율로 이 필요들을 해결해주고 폐기물을 처리해주는 지구의 생물학적 시스템을 당연하게 생각한다. 그러나 우주에서는 사용된 모든 물이 반드시 효과적으로 재생되어야 하는데 이는 몸에서 빠져나간 소변, 대변 속의 수분, 땀, 날숨 속 수분까지도 반드시 회수되어야 함을 뜻한다. 지구에서는 인공 습지 시스템과 퇴비화 화장실을 만들어 자연의 과정을 따르면서 다시 사용할 수 있도록 영양소를 회복시킬 수 있지만, 아직 우주에서 우리의 고체 폐기물을 이용해서 식량을 재배할 수 있는 식물 재배 시스템은 개발하지 못했다. 우주 비행 동안 필요한 모든 식량이 반드시 사전에 마련되어 포장되고 보관되어야 하는 것이다.

공기 역시 마찬가지다. 산소는 재주입되어야 하고 이산화탄소와 미량의 또 다른 가스들이 안전하게 흡수되는 등 공기가 정화되어야 한다. 2013년까지 38개국에서 우주로 갔던 536명 가운데 단 24명만이 지구 저궤도(지상에서 2,000킬로미터까지의 궤도) 넘어서까지 여행을 했다.[134] 그런데 이들은 압축된 지구 대기나 그것을 재생할 수 있는 기술적인 도구를 함께 가져가야 했다. 우리는 우리가 태어나고 우리 몸과 마음을 이렇듯 존재하게 만들어준 가이아 지구의 구성원으로 통합되어 있다. 우리는 그로부터 떨어져서는 존재할 수 없다.

지구의 자원으로 만든 에너지와 식물의 광합성을 모방한 태양 에너지로 가동하는, 기술적으로 지구를 흉내 내는 수단 없이는 지구를 둘러싸고 있는 얇은 공기층 밖으로 나가 생명을 유지하는 것이 불가능하다. 이는 독자적인 시스템이건 우주선과 탯줄처럼 연결된 우주 유영 시스템이건 상관없이 우주복의 기초 생명 유지 장치Primary Life Support Systems에도 똑같이 적용된다.

여기서 핵심은 기술의 정교함과 다양성이 아니라 이 모든 기술은 단지 우리가 의존하는 생태계에 우리를 연결시키는 혁신적인 수단일 뿐이라는 것이다. 기술적인 도구를 통해 이 의존의 범위를 더 확장할 수는 있지만 결코 벗어날 수는 없을 것이다. 우리는 4분 이상 숨을 쉬지 못하면 회복할 수 없는 뇌 손상이 오고, 우리 몸이 신선한 물로 보충되지 않는다면 기후 조건 등에 따라 단 4일 후에 죽을 수도 있으며, 음식을 먹지 않을 경우 약 40일이면 생명을 잃는다.

생명 유지 장치의 파괴

기술의 역사를 살펴볼 때 인류는 자연의 크나큰 중요성을 간과했을 뿐 아니라 계속해서 자연과 전쟁을 벌인 것처럼 보인다. 예를 들어, 우리는 우리가 좋아하고 애용하는 식물과 경쟁하는 다른 식물 종의 성장을 막기 위해서 또는 우리가 좋아하는 식물을 먹고 사는 곤충을 비롯한 다른 종들을 죽이기 위해서, 그리고 자연이 지닌 생산력을 우리 자신을 위해 효과적으로 이용한다는 명목으로 환경을 망가뜨리는 화학물질을 뿌린다.

우리 종은 우리 자신의 목적을 위해서 전체 지구의 1차 생산(광합성 유기물에 의한 유기물 생산)의 1/4가량을 독점한다.[135] 그러면서 우리는 수분(꽃가루받이)의 실패, 흙의 침식, 우리를 공격하는 바이러스 같은 병원체가 왜 생기는지 의아해한다. 이 대부분이 우리의 산업과 생활 방식이 불러온 것들인데 말이다.

이제 우리는 대륙을 관통하는 물의 흐름에 간섭하고 있는데, 역사상 가장 규모가 크고 우려스러운 것이 중국의 거대한 물 전환 프로젝트다. 이 프로젝트는 측정이 가능할 정도로 지구의 축을 기울게 하고 지진을 일으키기에 충분히 무거운 물을 수용하는 싼샤댐과 같은 구조물을 만들어 양자강의 흐름을 막아 강물을 북쪽의 황하강 유역으로 보내는 것이다.[136] 기적적인 의학의 발전은 선진국에 사는 사람들의 수명을 극적으로 늘려놓았다. 하지만 그와 함께 부적절하거나 과도한 소비와 관련된 질병이 생겨났고 동시에 자연스럽고 필연적인 죽음에 대한 인식에 왜곡을 불러왔다.

이 모든 것들 가운데 최악은 우리를 위해 모든 것을 내주는 자연을 완전히 저평가하는 맹목적 시장 경제를 만들었다는 것이다. 이러한 시장 경제는 건강하고 만족스러운 삶을 지속하고자 하는 인간의 집단적 기대를 무너뜨리며 파괴적인 충격을 불러오고 있다. 그리고 우리 사회와 경제의 자연에 대한 의존성을 무시하고 그 기반을 무너뜨리면서 미래의 안전과 가능성을 뿌리부터 스스로 잘라내 버리고 있다. 우리가 계속해서 고도의 최첨단 기술을 발전시킨다 해도, 달까지 그리고 언젠가 화성이나 심지어 더 멀리까지 우주선을 타고 날아간다고 해도, 자연에 대한 우리의 생물학적 의존성에서는 벗어나지 못할 것이다.

우주선 지구

우리는 자연의 과정을 통해 지구의 지각 속에 축적된 물질로부터 금속, 플라스틱, 에너지를 획득하며 "인류의 거대한 도약"을 이루어냈다. 그러나 지구에서의 삶은 우주선이라는 축소판으로 생각해볼 수 있다. '우주선 지구'라는 개념은 헨리 조지가 1879년《진보와 빈곤》이라는 책에서 지구에 대해 다음과 같이 설명하면서 시작되었다. "… (지구는) 식량을 가득 실은 배다. 우리는 이 배를 타고 우주를 항해한다. 만일 갑판 위의 빵과 고기가 부족해지면 갑판 덮개를 열면 된다. 그 아래엔 우리가 꿈에서도 보지 못했던 식량이 쌓여 있다."[137]

1960년대 중반부터 우주선 지구에 대한 다양한 언급이 나오면서 이 표현이 더 일반적인 용어가 되었다. 또한 이 행성 지구가 재생 가능하지만 유한한 자원을 지닌, 우주에 딸린 시스템이라는 세계관이 형성되었다. 지구라는 작은 우주선에서 플라스틱을 태워 열을 생산한다면 한 측면의 이점은 있겠지만 공기, 물, 그 서식지에 사는 생명을 지탱하는 다른 시스템에는 엄청난 손실이 발생하고 말 것이다.

지구의 놀라운 상호 의존적 생명 유지 시스템은 아주 오래 전인 38억 5천만 년 전에 시작되어 지금까지 이어져오고 있다. 예컨대 DDT와 같은 유기 염소계 농약은 자연과 살아있는 세포에 매우 새롭고 낯선 것이기 때문에 이것을 안전하게 분해하는 메커니즘이 부족하다. 오늘날 채굴되는 금속과 석유와 황과 같은 것들은 그 엄청난 양과 파급 효과에 있어서 자연의 회복 능력을 훨씬 넘어선다. 이 상태가 지속되면 해결할 수 없는 심각한 문제가 발생하여 지금까지 매끄럽게 작동해오던 자연의 살아있는 시스템이 고장 나거나 파괴되고 말 것이다.

이러한 시스템 고장은 어업의 붕괴, 경작지 손실과 염분화, 대수층의 독성화를 비롯한 생산 시스템의 붕괴, 곤충이나 기타 중요한 생물 다양성의 점진적인 손실, 대기 중 이산화탄소 농도 증가에 따른 기후 변화와 생태계 교란 등을 통해서 지구 환경 전반에 걸쳐 나타날 수 있다. 이 모든 것들은 미래에도 여전히 우리와 다음 세대의 필요를 뒷받침하는 생태계의 잠재력과 회복력을 약화시킨다.

자연의 식량 생산, 광합성, 토양 재생산과 관련된 기능의 손실은 어느 정도까지면 괜찮을까? 수분과 1차 생산 능력, 공기와 물의 자연 정화 능력의 감소는 어느 정도면 괜찮은 걸까? 인류가 행복한 삶을 살 수 있는 기회의 저하 또는 오염과 질병, 홍수와 화재 위험의 증가는 어디까지가 허용 한계일까? 끝없는 풍요로움과 편리함을 추구하는 현대적 삶의 방식이 생태계에 강요하는 파급 효과는 얼마나 언제까지 허용될 수 있을까?

오늘날 지구 자원을 게걸스럽게 먹어치우는 77억 명의 사람들, 또 2050년이면 20~30억 명이 늘어날 인구의 생활 방식이 지구에 가하는 압력은 이제 한계에 다다르고 있다. 유한한 지구 생태계가 인간에게 제공하는 허용치를 이미 넘어서고 있다는 사실을 알아야 한다. 지금까지 일상적인 것들의 생태학에서 출발하여 우주여행의 생태학을 거치며 얻은 깨달음으로 더욱 지속가능한 미래에 대해 숙고할 수 있는 기회가 되기를 바라는 마음이다.

보잘것없는
존재들의
생태학

3부

1
매력 없는
존재들

아름다운 금속성의 푸른빛을 띤 모르포나비^{Morpho butterfly}부터 호랑이와 사자같이 장엄한 카리스마를 발산하는 대형 고양이과 동물까지 자연 세계의 우아함에 우리는 마음을 빼앗긴다. 텔레비전을 비롯한 많은 매체들에서 이런 종류의 멋진 생물들을 보여주기 위해 들이는 시간을 감안한다면 사람들이 자연은 모두, 혹은 적어도 대부분이 '밝고 아름답다'고 생각하는 것을 탓할 수만은 없다. 환경보호에 대한 대부분의 연구가 이러한 카리스마 있는 종들에만 주로 초점을 맞춘다는 점에서도 비슷한 결론을 내릴 수 있다.

하지만 자연은 그들만으로 돌아가지 않는다. 자연은 조화롭고 지속가능한 전체를 이루도록 하는 진화를 통해 섬세하게 조율되고 통합된 생물들의 세계를 만들어냈다. 그렇기에 우리가 가장 크게 감사해야 하는 것들은 평범한 존재, 추하고 소름 끼치는 존재, 맨눈으로 보기 힘든 아주 작은 존재 그리고 아직 우리가 잘 알지 못하는 존재들이다.

우리와 이 세상을 함께 나누고 있는 어마어마한 수의 생물들은 과학계에도 전혀 알려지지 않았거나 소수의 전문가들만 알고 있다. 대부분의 자연은 아예 우리 눈에 보이지도 않는다. 또 어떤 유기체들은 일반적으로 불쾌하게만 여겨지기도 한다!

그러나 겉모습 하나로는 그들이 무엇인지, 실제로 그들이 전 세계 생태계의 작동과 회복력에 훨씬 더 중요할 수도 있다는 사실을 알아차리기 힘들다. 우리가 좋아하든 싫어하든 살아있는 모든 것들은 우리와 함께 진화한 동료들이다. 그렇기에 이 복잡하게 돌아가는 행성 지구의 생태계에 자기 자리와 역할이 있는 것이다.

방송이나 대중과 만나는 다양한 자리에서 별로 매력적이지 않은 생물과 관련된 생태계가 어떻게 돌아가는지 이야기하면 사람들은 내게 많은 질문을 한다. 이 장은 이러한 질문을 하는 사람들에게서 자극을 받아 쓰게 되었다. 그래, 사람들이 진화적 근거에서 나온 타당한 이유로 혐오감을 가질 수도 있다. 하지만 뱀, 전갈, 그리고 일부 거미들, 또 그들과 비슷한 모두는 자연의 가치 있는 기능을 위해 제 역할을 하고 있고, 궁극적으로는 우리가 그 수혜자다.

내가 자주 방문하는 남아프리카 어느 산의 야영지에서 정부 고문으로 일할 때 독물총코브라와 조화로운 관계를 유지한 경험이 있다. 그 뱀은 부엌의 냄비와 프라이팬을 놓아두는 곳 뒤에 살았는데, 부엌에 쥐가 얼씬도 못하게 했으며 요리사를 귀찮게 하지도 않았다! 그러나 반드시 생명을 위협하는 것도 아닌데 꽤 널리 퍼져 있고 개체수도 많은 생물들이 흔히 사람들에게 공포의 전율을 불러일으킨다.

그러니 이제 많은 사람이 '별로 좋아하지 않는' 생물들에게 관심을 돌려보자.

민달팽이가 무슨 소용이 있죠?

먼저 민달팽이부터 시작해보자. 굳이 밝히자면, 위의 질문은 내가 잉글랜드 중부의 버밍햄에서 진행한 대중 참여 워크숍에서 한 참가자가 점심시간에 내게 했던 질문이다. "민달팽이가 무슨 소용이 있죠?"

사실 민달팽이는 불쾌하게 끈적거릴 뿐 아니라 정원 식물과 농작물을 먹어 치우는 골치 아프고 징그러운 동물로 인식되기 쉽다. 민달팽이를 혐오해서 소금을 뿌리는 경우도 종종 벌어진다. 그러나 우리와 함께 진화했고 지금 우리와 이 세상을 함께 나누고 있는 그들에게는 분명한 역할이 있다. 민달팽이가 제공하는 많은 것들은 생태계의 기능과 회복성을 유지하는 데에 여러모로 역할을 한다. 생태계의 지속가능성에 기여하고 인류와 다른 종에게 혜택을 주기에 그들의 존재가 지속되는 것이다.

그럼 이제 민달팽이가 어떻게 기여하는지 그와 비슷한 바다 연체동물인 삿갓조개를 살펴보면서 알아보자.

삿갓조개는 껍질이 있지만 민달팽이와 비슷한 면이 있다. 삿갓조개를 오염이나 과학적 실험을 위해 또는 식용으로 쓰려고 해안의 바위에서 제거하면, 삿갓조개의 먹이인 부드러운 해조류가 바위 위에 번성한다. 그러면 해안 바위 지형에 형성된 자연적 특징들이 망가지고 다른 동식물들을 위한 공간이 늪지대로 바뀌어버린다. 삿갓조개가 수행하는 천연 제초 기능이 사라지기 때문이다. 민달팽이가 하는 역할도 삿갓조개와 똑같다. 민달팽이도 자연의 잡초를 관리하고 생태계의 다양성을 유지한다. 잡초를 효율적으로 처리하면서 변화하는 환경 조건에 적응하는 중요한 역할을 하는 것이다.

인간과 민달팽이의 갈등은 인간이 밭에서 한 종의 식물만 작물로 재배하고 잡초가 없는 정원에서 이국적인 화초를 기르기 좋아하면서부터 커졌다. 인간의 인위적인 단일 작물 재배가 자연의 다양성과 균형을 교란하는 것이다.

민달팽이는 식물을 먹어서 체내에 영양분과 태양 에너지를 저장함으로써 다른 생물들에게 그것들을 전달한다. 민달팽이를 먹는 생물에는 고슴도치, 오소리, 개똥지빠귀, 개구리, 뱀, 물고기, 그 밖에도 많은 동물들이 있다. 먹이 그물의 서로 다른 단계를 연결하는 중요한 역할을 하는 민달팽이가 없다면 지구의 식량과 에너지 순환의 효율과 회복력이 감소한다. 그러면 전 세계 생물 다양성이 취약해질 수도 있다. 민달팽이는 다른 연체동물과 같이 기생하는 유기체를 전달하는 중요한 역할도 한다.[138] 이러한 중간 숙주 역할을 통해 자연의 통제 기능을 도움으로써 생태계가 균형을 이루는 데 한몫을 한다.

프랑스 사람들은 버터와 마늘로 요리한 달팽이(에스카르고) 요리를 즐기는 미식가로 유명하다. 달팽이는 단지 민달팽이가 껍질을 두른 것이기 때문에 영양가 있는 간식으로 민달팽이를 먹지 못할 이유는 없다. 급증하는 인구가 식량을 공급하는 자연의 능력을 크게 넘어서면 우리는 아마도 민달팽이를 음식으로 이용하게 될 수도 있다. 사실 과거에도 사람들은 민달팽이를 먹어왔다. 민달팽이에게 약효가 있다고 알려졌기 때문인데, 결핵 치료에 민달팽이를 산채로 삼키는 방법이 이용되었다.

사람들은 민달팽이에게 별로 매력을 느끼지 않지만 일부 민달팽이 종은 미학적이거나 문화적인 가치를 지녔다. 멸종 위기 종인 케리민달팽이는 아일랜드, 스페인, 포르투갈의 일부 지역에서만 발견된다. 이 커다랗고 매력 있는 점박이 민달팽이는《아이리시 레드 데이터 북*Irish Red Data Book*》[139]에 자연보호 우선종으로 이름이 올라 있고, 유럽연합 서식지 지침 European Union Habitat Directive 아래 유럽의 여러 나라에서 법으로 보호받고 있다.[140] 민달팽이는 영화 〈플러쉬Flushed Away〉[141]와 〈해리 포터와 비밀의 방〉[142]에도 등장한다. 그뿐 아니라 민달팽이를 모티브로 한 머그잔, 티셔츠, 기타 선물용품을 팔기도 한다. 이처럼 민달팽이가 여러 방면에서 우리 삶을 풍요롭게 하는 데 기여하는데도 많은 사람들이 과소평가하고 꺼려하는 것이 오히려 놀라울 뿐이다.

말벌이 무슨 소용이 있죠?

'민달팽이가 무슨 소용이 있죠?'라는 질문에 답하려고 고민하면서 나는 사람들이 여름에 가장 싫어하는 또 다른 생물에 대해 생각해보는 것도 흥미롭겠다 싶었다. 그래서 이제 우리의 관심을 '말벌이 무슨 소용이 있죠?'라는 질문으로 돌리려 한다. 사람들은 대부분 윙윙거리고, 독침을 쏘며, 야외 활동이나 나들이에 불청객인 이 곤충에게 그리 정을 주지 않는다.

우선 '말벌'이라고 지칭하는 것이 무엇인지에 대해 알아보자. 말벌은 사실 다양한 종으로 이루어진 곤충으로, 전 세계에 100,000종이 훨씬 넘게 있을 뿐 아니라 계속해서 발견되고 있다. 전부는 아니지만 많은 말벌은 포식자이거나 기생자이다. 말벌 종들은 거의 모든 해충 목록에 이름을 올리고 있다.

많은 종류의 말벌은 사회적이어서 군락을 형성하는데 군락을 이루는 대부분의 일꾼 말벌은 생식 기능이 없다. 우리가 정원이나 야외에서 마주치는 말벌들은 생식 기능이 없는 일꾼 말벌이 대부분이다. 하지만 초봄에는 둥지를 만들고 알을 낳기 위해 새로운 장소를 찾는 커다란 암컷 '여왕 말벌'을 종종 볼 수 있다. 일꾼 말벌들은 초봄부터 둥지에서 나와 사방으로 퍼져서 주로 곤충을 비롯해 다른 작은 먹이를 침으로 쏘아서 잘 움직이지 못하게 하여 잡는다. 이렇게 잡은 먹이를 계속 커지는 둥지로 가져와 다른 일꾼으로 자라게 될 유충에게 먹인다.

포식과 기생 활동을 하는 가운데 군락이 커지면서 여름 동안 말벌의 수가 증가하는데, 이는 먹이가 되는 곤충 개체수의 통제에 커다란 영향을 미치는 것을 뜻한다. 즉, 종들 사이의 균형을 맞추고 영양분과 에너지를 자연스럽게 순환하게 하는 것이다. 말벌은 음식, 섬유, 원예, 장식 용도의 자원을 제공함으로써 인간의 행복에 기여하기도 한다.

말벌 군집은 그들이 숙주와 먹이로 삼는 유기체의 자연적인 통제에 매우 중요하다. 말벌이 없다면 해충이 증식할 것이고, 그 때문에 작물도 피해를 입을 것이다. 또 해로운 살충제를 비롯해 다른 통제 방법에 대한 의존도가 커지면서 그 사용이 계속 늘어날 것이다. 이렇듯 말벌은 정원사, 농부, 원예가들을 비롯하여 그들의 활동과 생산물로 혜택을 받는 모두에게 큰 가치가 있다. 그렇기에 전 세계 식량 안보에 대해서, 오늘날 우리가 사용하는 수많은 해로운 합성 물질에 대한 의존도를 줄여야 할 필요에 대해서, 아주 심각하게 고려해야 한다.

어떤 말벌 성충은 꽃가루를 먹고 산다. 이 과정에서 수분이 이루어짐으로써 사람과 생태계에 혜택을 주게 된다. 이는 건강한 생태계와 생물 다양성을 유지하게 하고 농업, 원예, 정원 가꾸기를 돕는다.

많은 생물이 말벌을 피하기는 하지만 놀랍게도 다양한 생물 집단이 말벌을 잡아먹는다. 말벌의 포식자에는 몇몇 종의 잠자리, 도둑벌과 꽃등에, 일부 다른 종의 말벌, 딱정벌레, 나방을 포함해 다양한 무척추동물이 있다. 척추동물들도 말벌을 잡아먹는다. 여러 종의 새(《서부 구북구의 새book Birds of the Western Palearctic》에서 133종의 새들이 말벌을 먹는다고 적고 있다.[143]), 그리고 오소리, 박쥐, 족제비, 쥐와 생쥐, 울버린 같은 동물도 말벌을 먹는다. 말벌을 먹는 사람도 있는데, 주로 유충을 먹으며 그 맛이 꽤 좋다고 알려져 있다.

이밖에도 직간접으로 다양한 혜택을 주는데, 말벌 둥지를 제거하는 '소규모 업종'은 지역 경제에 기여한다. 또 말벌은 타액을 이용해 나무를 부드럽게 만들어 둥지를 만드는데 이 아름다운 둥지 구조는 예술과 건축에 영감을 주었다. 1부의 '책, 내 손 안에 든 자연'에서 보았듯, 종이를 발명한 고대 중국의 채륜은 말벌과 벌의 둥지에서 영감을 받았다고 한다. 말벌은 예술에도 영감을 주었는데, 랄프 본 윌리엄스는 "말벌The Wasps"(1909)이라는 음악을 작곡했다. 마블 코믹스의 만화 〈와스프Wasp〉(1963)에는 말벌 캐릭터의 슈퍼 히어로가 등장하는데, 키가 몇 센티미터로 줄어들거나 거인 크기로 커질 수 있는 능력이 있으며 날개와 생체 전기 에너지를 증폭시켜 난다.

이렇듯 '매력 없는 존재'로 여겨지는 말벌도 폭넓은 문화적 관심을 받는다는 사실을 알 수 있다. 이것은 '말벌이 무슨 소용이 있죠?'라는 질문에 답하기에 꽤 좋은 첫걸음이다. 사실 말벌에게는 그들이 하는 놀라운 일을 보지 못하게 가리는 뾰족한 침과는 상당히 거리가 먼, 그리고 아주 다양한 방법으로 우리에게 혜택을 주는 수많은 '소용들'이 있다!

쥐며느리가 무슨 소용이 있죠?

사람들을 소름 돋게 하는 동물 목록의 다음을 차지하는 것은 바로 보잘것없는 쥐며느리이다. 이는 꽤 의아한 일인데 왜냐하면 쥐며느리는 아주 작고 해를 끼치지 않으며, 대부분 야행성이기 때문이다. 또 썩은 나무나 떨어진 나뭇잎을 뒤적이거나 목재 더미나 진흙투성이 창고에서 물건을 옮길 때를 제외하면 마주치기도 쉽지 않다.

쥐며느리는 갑각류이고, 게, 바닷가재, 새우, 가재, 크릴, 따개비 등 67,000종으로 구성된 거대한 집단인 절지동물(외골격과 관절이 있는 다리를 지닌 동물)에 속한다. 게와 바닷가재가 큰 집게다리를 가진 것과는 달리 쥐며느리는 대체로 같은 크기의 다리가 여러 개 있다.

전 세계에 알려진 쥐며느리는 5,000종이 넘는다. 다른 종들은 하지 못하지만 공벌레로 불리는 일부 쥐며느리는 방어를 위해 거의 완벽한 구의 형태로 몸을 둥글게 말 수 있다. 암컷 쥐며느리는 수정된 알을 알주머니라고 알려진 몸 아래쪽 주머니 속에 넣어 다닌다. 작고 하얀 새끼들로 부화해서 흩어지기 전까지 상대적으로 안전하게 알들을 보호하는 것이다. 암컷 쥐며느리는 무성으로 생식할 수도 있다.

건조한 지역에서 사는 소수의 종들과 바다로 돌아간 일부 종들을 제외하고 대부분의 쥐며느리 종들은 외골격에 구멍이 있어 수분을 빨리 잃기 때문에 습기가 많은 곳에서 살아야 한다. 그런 이유로 쥐며느리는 대개 야행성이고 수분의 증발이 가장 적을 때 나와서 돌아다닌다. 이런 전략이 그들을 잡아먹는 많은 생물들을 피하는 데 도움이 된다. 쥐며느리는 주로 죽은 식물을 먹고 산다.

쥐며느리에게는 사람들이 싫어하는 그 무언가가 있다. 자라면서 없어지기는 했지만 나는 어린 시절에 쥐며느리에 지나치게 예민했던 기억이 있다. 지금 우리 딸이 쥐며느리를 무서워하는데 그 아이 역시 자라면서 그들을 좋아하게 되기를 바랄 뿐이다! 이 혐오의 이유에 대해 정확하게 짚어내기는 쉽지 않다. 한 가지 가능성 있는 설명이라면 쥐며느리가 불쾌하게 느껴지는 축축하고 썩은 장소와 연관이 있기 때문이 아닐까 싶다. 또 쥐며느리가 갑자기 튀어 나왔을 때, 정원에서 가꾸는 부드러운 식물을 먹어 치울 때, 연약한 묘목과 잘 익은 딸기를 갉아먹을 때, 우리는 쥐며느리에 짜증이 나기도 한다.

하지만 쥐며느리도 생태계에 여러모로 기여한다. 쥐며느리는 주로 죽은 식물로 이루어진 죽은 생물들의 쓰레기를 먹고 재활용한다. 또 흙을 뒤집고, 흙의 구조를 유지하고, 공기와 물, 흙의 탄소와 영양분을 증가시키는 기공을 늘리는 등 다양한 기능을 한다. 그리고 당연히 조류, 양서류, 파충류를 비롯한 다양한 동물들의 먹이가 되어 먹이 사슬의 중요한 연결고리가 된다.

또 축축하고 썩은 장소와 연관성이 있지만 이미 썩은 나무를 다른 유기체가 이용할 수 있도록 유용한 형태로 재활용하는 것을 도울 뿐, 살아있는 나무를 훼손하지도 병을 옮기지도 않는다. 이러한 다양한 특성과 기여가 있는데도 이 보잘 것없는 쥐며느리의 중요성은 엄청나게 간과되고 있다.

서로 가까이 연관된 동물들에 대해 우리가 음식으로서 갖는 호불호는 좀 의아한 면이 있다. 에스카르고는 별미이지만 민달팽이는 흉물스럽고, 토끼는 기분 좋지만 쥐는 역겨우며, 새우는 즐겨 먹지만 쥐며느리는 혐오스럽다. 이유가 뭘까?

많은 곤충은 어류를 포함한 척추동물의 고기에 비해 단위 무게당 단백질 함량이 두 배나 된다고 알려져 있다. 인구수가 급증하고 자연적 생산량이 감소하면, 우리는 어쩌면 먹이 사슬의 아래쪽에 있는 생물들을 더 많이 식용으로 이용해야 할 수도 있다.

곤충을 먹는다는 용어인 '식충성 entomophagy'은 더욱 넓은 의미로 다른 무척추 동물들에게도 적용되고 있다. 서구에서는 대개 기피하는 개미, 메뚜기, 전갈과 같은 다양한 벌레들을 세계 곳곳에서 식용으로 이용하는 모습을 찾아볼 수 있다. 1,000종이 넘는 곤충들이 세계의 80%가 넘는 나라에서 식용으로 이용되고 있으며[144], 약 3,000개의 민족 집단에서 식충성이 있는 것으로 기록되고 있다.[145] 그러나 어떤 사회에서는 곤충을 먹는 것이 흔하지 않고 심지어 금기시되기도 한다.[146, 147]

라틴 아메리카, 아프리카, 아시아, 오세아니아의 여러 개발 도상 지역에서는 곤충이 인기 좋은 식품이다. 칼슘과 단백질로 가득 차 있음에도 우리가 이러한 곤충, 갑각류, 다른 다양한 무척추 동물 가운데 아주 선택적으로만 음식으로 섭취하는 것이 냉철한 외부 관찰자가 보기에 좀 이상해 보일 수도 있다. 이런 여러 이유로 어떤 회사들은 서양식 식단에 곤충을 소개하려고 시도하고 있다.[148]

쥐며느리는 맛있는 새우, 게, 바닷가재, 가재와는 갑각류라는 같은 동물 군에 속한다. 하지만 조리하지 않은 쥐며느리는 냄새가 심한 오줌에 비교되는 불쾌한 맛이 있다고 한다. 그러니 우리 입맛을 돋우기는 어려울 것 같다! 하지만 익히면 이러한 오명은 사라진다. 끓인 쥐며느리는 새우와 같은 맛이 난다고 한다. 그들의 갑각류 혈통으로 보면 전혀 놀라운 사실이 아니다. 쥐며느리의 바다 사촌인 새우처럼 요리할 수도 있을 것이다. 그럼에도 이런 생각은 우리의 문화적 관습과 인식으로는 그리 매력적이지 않을 수 있다. 하지만 만약 우리가 식량 부족을 걱정하게 된다면, 혹은 우리가 계속해서 먹이 사슬 위쪽에 있는 동물 종으로부터 영양을 공급받을 수 있는 자연의 능력을 훼손한다면, 쥐며느리가 쉽게 공급이 가능한 맛있는 식량이 될지도 모른다!

쥐며느리는 대체로 다양한 문화와 연관성이 있다. 이는 그들의 다양한 지역별 이름에도 일부 반영되어 있다. 이미 나왔던 공벌레[pill bug]는 물론 처키피그[chucky pig], 치즈로그[cheeselog], 포테이토 버그[potato bug] 등이 있는데, 이보다 훨씬 많은 이름들이 영문 위키피디아에 올라와 있다.[149]

기생충은 무슨 소용이 있죠?

많은 미생물이 기생생활을 한다. 기생하는 유기체는 다른 생물 안에서 사는데 이런 조합으로 어떤 혜택이 생기는지는 명확하지 않다. 많은 다른 동물과 식물 집단도 기생생활을 한다. 실제로 지구상에 있는 생물 종 중에서 40~50%는 기생생활을 하는데, 전 세계 먹이 그물의 대략 75%가 기생 종과 연결되어 있다.[150] 이런 먹이 그물은 숙주 생물 개체수의 지나친 증가를 억제하는 데에 매우 중요하다. 그리고 우리에게 겨우 알려졌거나 아예 알려지지 않은 다양한 생태적 과정과 기능을 위해서도 중요하다. 하지만 이렇게 폭넓게 존재하는 기생생활의 유익한 역할은 그리 충분히 연구되어 있지 않다.

기생생물은 어디에나 있고 생태적으로 중요한 역할을 하면서 혜택을 주지만, 그러한 점은 간과되고 과도한 악평을 받고 있다. 또한 널리 퍼져 있는 인식과 달리, 모든 기생생물이 에볼라를 일으키는 바이러스나 말라리아의 원인이 되는 5개 종의 말라리아 원충같이 파괴적인 것은 아니다. 사실, 에볼라와 말라리아의 병원체가 사람 몸에 들어오면 그 힘을 발휘하는 것처럼 기생생물은 기존 숙주에서 새로운 숙주로 옮겨갈 때 공격적으로 변한다. 그리하여 큰 피해를 일으키는 질병의 원인으로 꼽히는 기생생물들은 새로운 숙주 종에 자리 잡는 초기 단계에서 더욱 위험할 수 있다.

기생생물은 반드시 계속 살아서 번식해야 하기 때문에, 더 고도로 적응된 기생생물일수록 그들의 숙주 생물에 거의 또는 전혀 해를 끼치지 않는 경향이 있다. 예외적으로 기생생물 가운데는 한 생물 속에 자리 잡고는 그 생물이 다른 생물에게 잡아먹히도록 함으로써 자신의 생존을 유지하는 경우도 있다. 예를 들어 디플로스토멈Diplostomum속의 흡충(디스토마)은 일반적으로 어류에 들끓는 기생충이다. 이 기생충은 어류의 심신을 약하게 만들어 최종 숙주(전형적으로 온혈동물인 조류)가 쉽게 잡아먹게 만든다. 이때 잡아먹힌 어류를 통해 자신과 유충이 최종 숙주의 몸에 들어가는 것이다. 이런 예외가 있긴 하지만 대부분은 기생충의 숙주가 되도록 오래 생명을 유지하여 기생생물을 먹이고 이동시켜 그들의 알을 퍼트리도록 한다.

이러한 '최소의 피해' 규칙은 사람이 촌충과 여러 종류의 작은 피부 진드기의 숙주가 될 경우 확실하게 드러난다. 아마도 우리 모르게 몸 속이나 몸 위에 승차한 진드기는 꽤 많을 것이다. 예를 들어 '엔도바이옴endobiome'은 소화관, 피부를 비롯한 우리 몸의 여러 부분에서 살아가는 굉장히 다양한 미생물 생태계다. 새로운 연구를 통해 아기의 건강한 발달을 위해 그리고 당뇨병, 과민성 대장 증후군, 피부염, 설사, 알레르기성 비염에 이르기까지 광범위한 질환을 치료하는 데 다양하고 균형 잡힌 엔도바이옴이 주는 풍부한 혜택을 알아내기 시작했다.[151] 3부의 '99.9% 우리가 모두 아는 세균들'에서 엔도바이옴에 대해서 더 자세히 살펴볼 것이다.

사실 기생생물에 대한 우리의 부정적인 인식 때문에 그들이 숙주 종에 주는 혜택뿐만 아니라 전체 생태계의 작용에 제공하는 수많은 혜택을 보지 못하고 있는지도 모르겠다.

자연은 모두 밝고 아름답다?

자연에서는 미학적 매력(사람의 기준으로)과 기능이 우아하게 서로 잘 맞아떨어진다고 생각하기 쉽다. 이러한 생각은 언제나 진실과는 거리가 있다. 실제로 자연의 심오한 아름다움은 자연이 역할 수행의 주역들을 가장 효율적이면서 서로 긴밀히 기능을 잘 수행하도록 배치한 정교함에서 찾아볼 수 있다. 마치 잘 맞물린 톱니바퀴처럼 말이다.

자연에는 카리스마가 있는 동물도 있지만 더불어 못생긴 부류, 공격적인 부류, 더러운 부류, 끈적끈적한 부류도 있다. 또 그저 지구를 순환시키는 무명의 일꾼들도 있다. 인간 역시 자연의 일부임에도 우리는 자연을 큰 위험에 빠뜨렸다. 자연이 망가진다면 우리의 삶과 우리 자신의 이기적인 목적을 위해 우리를 둘러싼 세상을 이용하고 처리하는 우리의 능력은 크게 약화될 것이다.

자연에 낭비란 없다. 자연에 기여하지 않는 기능을 가졌거나 존재 의미가 없는 생명체는 멸종할 것이다. 자연 세계에는 무덤 도굴꾼, 분해자, 죽은 것과 부패한 물질을 씹어먹는 자들로 가득 차 있다. 그들이 없다면 동식물의 사체와 배설물과 같은 쓰레기가 쌓일 것이고, 물질과 에너지는 재생되지 못하고 새로운 생명으로 옮겨가지 못할 것이다. 기생생물조차 반드시 계속 살아야 한다.

우리는 자연의 다양성과 균형을 조절하는 저승사자, 영양분과 에너지를 지치지 않고 재생하는 무덤 도굴꾼, 민달팽이, 말벌, 쥐며느리, 그리고 수많은 다른 형태의 생명들, 알려져 있거나 알려지지 않았거나, 지구의 중요한 생물권을 유지하는, 진짜 영웅이지만 매력적이지 않은 모든 생물을 사랑하는, 아니 사랑까지는 아니더라도 존중하고 감사하는 법을 배워야 한다. 그리고 우리가 그들과 함께 괜찮은 삶을 살 수 있는 전망에 대해서도 마찬가지로 배워야 한다.

2
작지만 대단한
모든 존재들

우아한 자태의 나비나 무지갯빛으로 영롱한 잠자리 같은 몇몇 예외를 제외하면 이들은 그냥 '벌레'다. 그러나 곤충의 세계는 인간의 행복이 지속될 수 있도록 하는, 무수한 다양성과 기능적 중요성이라는 가치로 가득 차 있다.

우리는 이미 '매력 없는 존재들'에서 말벌에 대해 살펴보았다. 다음 장인 '99.9% 우리가 모두 아는 세균들'에서는 살아 있는 아주 작은 유기체인 '세균들'과 그들이 하는 많은 일을 따로 살펴볼 것이다. 그래서 이 장에서는 우리의 터전인 행성 지구에서 가장 많고 가장 다양하며 주목할 만한 가치가 있는 동물 집단인 곤충에게 중심 무대를 내어주려 한다.

곤충은 무엇일까?

그렇다면 곤충은 무엇일까? 곤충은 다리를 6개 지닌 무척추동물에 속하며 절지동물문에서 가장 큰 집단을 형성한다. 또한 지구상에서 가장 다양한 집단이기도 하다. 대략 600만 ~1,000만 종의 곤충이 있다고 추정되는데, 이는 지구상에 존재하는 모든 동물의 90% 이상을 차지한다고 볼 수 있는 수치다. 바다에서는 아주 적은 수의 종만 발견되지만 곤충은 지구상의 거의 모든 환경에서 발견된다.(해양 환경에서는 갑각류가 절지동물문 가운데 가장 많은 수를 차지한다.)

곤충은 외골격이 키틴질로 되어 있고 몸은 머리, 가슴, 배의 세 부분으로 나뉜다. 그리고 관절이 있는 다리 세 쌍, 겹눈과 한 쌍의 더듬이를 지녔다는 공통의 특징이 있다. 곤충들은 다양한 방법으로 앞으로 나아가는데, 걷거나 날거나 수중 곤충의 경우에는 헤엄을 친다. 곤충은 무척추동물 가운데 날 수 있도록 진화한 유일한 집단이다. 거의 모든 곤충은 알을 깨고 나오며, 탄성이 없는 외골격의 제약 때문에 몇 차례의 탈피로 제약을 극복하며 성장한다.

우리에게 익숙한 나비의 생애주기와 같이 일부 곤충은 알, 애벌레, 번데기, 성충 단계를 거치며 완전히 다른 형태로 탈바꿈한다. 일부는 번데기 단계를 거치지 않고 유충 시기를 지속하며 성충으로 성장한다. 집게벌레와 같은 일부 곤충은 알과 새끼들을 지키고 돌보는 어미의 역할을 하기도 한다.

곤충들도 서로 의사소통을 할 수 있다. 소금쟁이는 서식지 연못과 강 표면의 진동을 감지해서 서로 소통한다. 수컷 나방은 페로몬(몸 밖으로 방출되는 호르몬 물질)을 발산하여 같은 종의 암컷을 끌어들인다. 귀뚜라미, 매미를 비롯한 일부 곤충들은 소리를 내서 서로 소통한다. 또 반딧불이(개똥벌레)는 빛을 내며 소통한다.

곤충은 크기가 무척 다양하다. 요정벌레fairyfly는 다른 곤충의 알에서 포식기생(숙주에 기생하며 살다가 성충이 되어서 숙주를 죽이는 기생)을 하며 사는데, 크기가 너무 작아 현미경으로만 볼 수 있다. 반면에 골리앗왕꽃무지라는 딱정벌레의 수컷은 몸길이가 60~110밀리미터나 된다. 그러나 이 현대의 괴물도 고생대에 살았던 화석화된 곤충들에 비하면 작고 보잘것없다. 예를 들어 지금의 잠자리와 비슷한 메가네우라의 날개폭은 무려 55~70센티미터나 되었다. 대부분의 다양한 곤충 집단은 꽃이 피는 식물들과 공진화해온 것으로 보이는데, 식물의 수분에 핵심적인 역할을 하는 것을 비롯해 서로 이로운 관계로 발전되어 왔다.

혐오하거나 사랑하거나

사람들은 우리가 먼저 만나본 민달팽이, 말벌, 쥐며느리를 비롯해 어떤 종류의 곤충은 오직 살충제와 여러 기술로 통제해야만 하는 것으로 여기는 경향이 있다. 어느 정도 타당한 생각이다. 어떤 곤충은 수액, 잎, 열매, 목질을 먹어 작물에 해를 끼치고, 또 어떤 곤충은 기생생활을 하며, 모기의 경우 말라리아, 뎅기열, 웨스트나일 바이러스, 지카 바이러스와 같은 질병을 가축이나 사람에게 옮기는 매개체이니 말이다.

그러나 곤충은 환경에 매우 다양한 기능을 수행한다. 이 점을 절대 간과해서는 안 된다. 예를 들자면, 다양한 종류의 파리는 죽은 동물의 사체를 먹으면서 분해하는 데 한몫한다. 또 일부 파리는 사람이 이용하는 많은 작물을 포함해서 꽃이 피는 숱한 식물의 생활 주기에 결정적인 역할을 하는 중요한 꽃가루 매개자다. 말벌 같은 곤충들은 성가시기는 하지만 그들이 없다면 해충이 될 수 있는 생물들의 포식자다. 누에는 실크(명주)를 생산하고, 꿀벌은 꿀을 생산한다. 전 세계 80%에 달하는 나라에서는 곤충을 식품으로 소비한다.

화려한 색깔의 나비, 우아한 잎벌레, 열심히 일하는 개미, 웅웅거리며 분주히 날아다니는 벌, 음악적 재능을 뽐내는 귀뚜라미, 연못 표면에서 열광적으로 춤추는 물맴이, 그리고 셀 수 없이 많은 곤충들이 그 아름다움과 매혹적인 생활 습관으로 많은 사람들의 마음을 빼앗는다. 사람마다 호불호는 다르겠지만 이 곤충들 모두는 지구 생태계에 밀접하게 연결되어 공진화함으로써 우리가 잘 알지 못하는 어떤 목적에 기여하고 있다.

이 장에서는 곤충들이 주는 혜택에 대해서 살펴보려 한다. 또 인간의 활동이 곤충의 생물 다양성과 우리 자신에게 어떻게 얼마나 다양한 방식으로 커다란 손상을 입히는지 생각해 볼 것이다. 오늘날 개발 지향적인 인간사회의 행보는 곤충을 멸종으로 몰고 가는 무척이나 무모한 일이다.

곤충이 세상을 돌아가게 한다

새, 박쥐, 파충류, 양서류, 작은 포유류와 물고기의 많은 종들은 곤충이 사라지면 먹을 게 없어져 존속하지 못할 것이다. 곤충은 지구상에 알려진 동물 종의 대부분을 차지하고 있을 뿐만 아니라 다른 많은 동물들과 함께 지구 생태계에서 공진화해왔다. 다른 동물들의 주된 식량원이자 땅과 담수의 모든 먹이 그물을 연결하는 중요한 역할을 맡고 있다. 자연의 복잡한 생태학적 네트워크에서 에너지, 영양분, 다른 화학물질의 순환을 연결함으로써 건강한 생태계 기능에 핵심적인 역할을 하는 것이다.

곤충들에게 생존을 신세지는 것은 동물만이 아니다. 모든 식물 가운데 87%로 추정되는 종들, 풀과 침엽수를 제외한 거의 모든 식물 종들은 수분을 동물에게 의존하는데, 그 대부분은 곤충이 맡고 있다.[152]

곤충에 의한 수분을 '충매'라고 한다. 꽃들은 향기, 식량원인 꽃가루와 꿀, 밝은 색채나 착륙을 유도하는 정교한 표시 등으로 곤충들을 유혹한다. 이들 시각적 신호는 사람이 볼 수 있는 것도 있지만 사람이 볼 수 없는 빛의 파장으로 이루어진 것도 있다. 아마 나비와 벌이 길게 내뻗는 입 부위를 본 적이 있을 것이다. 이들은 꽃에서 영양분을 빨아들이기 좋게 적응했는데, 많은 곤충들이 특정한 식물의 수정을 도울 수 있도록 특별히 공진화했다.

초기 육상 식물들은 꽃가루를 주변의 공기 흐름에 방출해서 그 알갱이가 암컷 식물의 수정 기관까지 실려가 내려앉는 방법을 썼던 것으로 보인다. 이런 방법은 수정될 가능성이 매우 낮다. 그러다가 1억 2,500만~1억 1,500만 년 전 백악기 초기에 속씨식물(꽃이 피는 식물)은 새로운 수분 전략을 취하도록 진화한 것 같다. 충매화 식물은 앞서 언급한 다양한 방식으로 특정 곤충을 유혹하도록 진화했다. 달콤한 향기를 발산하거나 곤충의 페로몬을 흉내 내기도 한다. 특히 파리를 꾀기 위해서 죽은 동물이 썩는 냄새를 발산하기도 한다. 속씨식물은 곤충과 서로 혜택을 주고받는 가운데 수정이 효율적으로 이루어지도록 한다. 그럼으로써 더 이상 엄청난 양의 꽃가루를 생산하고 방출한 후 변덕스러운 바람에 뒷일을 맡길 필요가 없게 되었다.

딱정벌레, 벌, 나비, 나방, 다양한 종류의 파리와 깔따구, 말벌, 일부 개미는 모두 꽃가루 매개자다. 천남성과에 속하고 주로 유럽에서 서식하는 아룸 마쿨라툼 Arum maculatum이라는 식물의 경우 꽃이 풍기는 시체 썩는 냄새에 끌린 파리가 꽃 안에 갇혀 꽃가루로 뒤덮이게 된다. 곧추 서 있던 꽃 속의 털들이 이완되면서 열리면 꽃가루로 덮인 파리가 다시 밖으로 나와 다른 아룸 꽃을 찾아 나선다. 또 꿀벌난초 Ophrys apifera의 꽃은 벌의 생김새와 냄새를 모두 흉내 낸다. 꽃잎이 암컷 벌과 비슷하게 생겨서 짝짓기를 시도하는 수컷 벌을 유혹해 찾아들게 하고 그 과정에서 몸에 꽃가루를 묻혀 전달한다.

공짜 식량

우리 역시 매일 먹는 음식을 곤충에 의존한다. 인간이 기르는 모든 작물의 약 3/4은 곤충이 수분을 한다. 곤충의 개체수가 줄어들도록 방치하거나 조장한다면 우리는 심각한 식량 위협을 마주하게 될 것이다.

식량 부족으로 인한 인도주의적 재난을 경제적 수치로 측정하기는 어렵다. 그러나 자연에서 받는 '공짜' 서비스인 곤충의 수분이 지닌 국제적 가치는 수분 의존 작물 60가지 또는 수익률이 좋은 작물의 전 세계 작물 수확량을 기준으로 추정했을 때 연간 2,350억~5,770억 미국달러에 이른다. 같은 연구에서 2009년부터 수분 의존 작물의 생산가격 증가는 꽃가루 매개자 개체수 감소의 결과일 수 있다는 점을 발견했다. 꼭 금전적인 면을 거론하지 않더라도 우리는 꽃가루 매개자들 없이는 세계 인구를 먹여 살릴 수 없다.

미국에서는 자연적인 수분 기능의 상실이라는 위협에 대처하기 위해서 유료로 벌집들을 임대하여 대형 트레일러에 실어 경작지에 두었다. 수분을 하는 곤충들이 사라진 중국의 한 지역에서는 사람들을 고용해 손으로 일일이 식물들 사이에 꽃가루를 옮긴다. 오스트레일리아에서 유럽에 이르기까지 그리고 또 다른 많은 곳에서 소규모로 벌집을 임대하는 것이 수분을 촉진하기 위한 해결책으로 흔히 이용되고 있는 실정이다.

2018년 5월 14일 월요일, 독일 하노버에 있는 페니마켓 Penny Market 할인 슈퍼마켓에서는 기업의 영향력을 이용해 많은 이들에게 경종을 울리는 캠페인을 벌였다. 바로 벌의 수분이 필요한 제품들을 진열대에서 빼버린 것이다.[153] 사전 정보 없이 장을 보러 온 사람들은 사과, 호박, 제과 제품, 초콜릿, 밀랍을 입힌 사탕, 양념된 고기, 카모마일 향이 나는 휴지 등이 진열대에서 사라진 것을 보고 깜짝 놀랐다.

페니마켓은 2,500개의 제품들 가운데 60%에 이르는 것들이 직간접으로 벌의 수분에 의존하는 것으로 평가했다. 이 회사의 의도는 최근 수십 년 동안 벌 수분의 급격한 감소가 미치는 중대한 영향에 대해서 대중의 관심을 끌고 경각심을 갖게 하려는 것이었다. 보도에 따르면 페니마켓 대변인은 "우리는 유레카의 순간을 바라고 있었다."라고 말했다고 한다. 이 캠페인은 2018년 5월 20일 유엔이 제정한 최초의 세계 벌의 날보다 앞선 것이었다.

식품 생산과 관련된 곤충의 또 다른 공헌으로 생물적 방제 인자biocontrol agents 역할이 있다. 무당벌레, 꽃등에, 딱정벌레, 풀잠자리, 말벌 등 수많은 곤충 집단은 해충을 비롯하여 해를 끼칠 수 있는 유기체를 잡아먹거나 그들에게 기생한다. 이렇듯 일반적으로는 칭송받지 못하는 이 영웅들은 종종 작물 생산에 중요한 역할을 한다.

톡토기나 좀벌레처럼 아주 작은 많은 종류의 곤충은 땅 위나 땅속에 있는 잎, 동물 사체, 다른 유기물질을 분해한다. 나무에 구멍을 뚫는 딱정벌레와 말벌 역시 썩어가는 목재 속 영양분의 재활용을 돕는다. 동물의 배설물은 파리, 딱정벌레, 수많은 다른 작은 생명들에 의해 흙과 함께 섞인 후에 개미와 같이 굴을 파는 곤충에 의해 흙 속으로 유입된다. 이런 행동 역시 흙의 투과성과 통기성을 높여 경작하기 좋은 땅이 되는 데 도움을 준다. 이들 곤충은 씨앗의 확산도 돕는다.

전 세계에서 곤충의 다양성과 개체수가 감소하는 것은 여러 가지 이유에서 크게 염려해야 할 일이다. 그중에서도 특히 식량 안보에 대한 위협이 중요하다. 주로 서식지 손실과 농약 사용으로 인한 피해 때문에 비틀뱅크beetle bank(곤충이나 새들이 서식하고 머무를 수 있게 식물들이 자라난 긴 둑–옮긴이), 밭의 경계를 따라 생긴 식생 완충대 등과 같은 야생 공간의 가치가 점점 더 크게 주목받고 있다. 경작지의 생울타리를 수분과 포식자 곤충 그리고 다른 야생동물의 거처로 유지하는 것도 이와 마찬가지다.

곤충을 일에 투입하다

사람들은 생산적인 이용을 위해 일부 곤충들을 일에 투입하기도 한다. 이 가운데 특히 양봉은 역사가 아주 길다. 야생 벌에게서 꿀을 모으는 사람들에 대한 묘사가 10,000년 전으로 거슬러 올라가고, 북아프리카에서는 벌을 치는 모습이 담긴 9,000년 전 도자기 그릇이 나왔다. 벌을 치면서 연기를 사용하는 모습이 약 4,500년 전의 이집트 예술에서 등장했고, 단지에 보관된 꿀이 투탕카멘(기원전 1324년 사망)을 포함한 파라오의 무덤에서 발견되었다. 18세기에 유럽에서는 이동이 가능한 벌집이 출현했다. 이 덕분에 벌의 군집을 파괴하지 않고도 꿀을 채취할 수 있게 되었다.

꿀은 천 년 동안 영양가 높은 최고급 식품원으로 이용되었다. 벌꿀술을 만들 때 단맛을 내기 위해 꿀을 사용했는데, 벌꿀술은 중세 유럽, 아프리카, 아시아의 신화에 등장하기도 했다. 그러나 꿀을 기본으로 하는 벌꿀술의 역사는 훨씬 더 오래전으로 거슬러 올라갈 수도 있다. 중국 북부에서 발견된 기원전 7000년 무렵의 도자기 그릇에서 꿀, 쌀, 발효 흔적이 있는 유기 화합물의 화학적 성분이 드러났기 때문이다.

실크는 곤충이 생산하는, 경제적·문화적 중요성이 높은 또 다른 산물이다. 실크는 천연 단백질 섬유로, 거미를 비롯한 다양한 곤충이 만들지만 직물용 실크는 몇몇 곤충만이 만든다. 대표적인 것이 누에나방이다. 누에나방의 애벌레를 가두어서 기르는 것을 양잠이라고 한다. 애벌레를 납작한 상자에 넣어 뽕나무 잎을 먹이고 그 속에서 번데기가 되려고 실크로 고치를 짜면 그때 수확한다.

번데기는 성충 나방이 되기 전에 끓는 물에 넣거나 바늘로 찔러서 죽인다. 그래서 동물권 운동가들은 이러한 관행과 실크 교역에 반대한다. 그러나 고치를 흐트러뜨리지 않고 고치 전체를 끊어지지 않게 실로 자을 수 있어 훨씬 더 튼튼한 천을 만들 수 있기 때문에 양잠업자들은 이러한 방식을 선호한다.

실크 섬유로 만드는 견직물의 생산은 고대 중국에서 처음 시작되었다. 약 8,500년 전, 허난 신석기 유적의 무덤에서 채취한 흙 표본에서 누에에서 뽑은 실크 단백질 섬유가 발견되었다. 지금까지 전해오는 가장 오래된 견직물은 기원전 3630년경의 것으로 이 역시 허난에서 나왔다. 실크는 호화로운 감촉과 광택으로 크게 각광받는 직물이 되었으며 그 결과 수요가 커져서 산업혁명 전 국제 교역의 주요 상품이 되었다.

중국의 황제가 양잠에 대한 지식을 비밀로 유지하려고 했음에도 중국에서 시작한 실크 생산과 교역은 한국, 인도 아대륙, 중동, 유럽, 북아프리카까지 퍼져 나갔다. 인도는 오늘날 중국에 이어 두 번째로 실크를 많이 생산하는 나라이자, 결혼식을 비롯한 경사스러운 예식에 비단사리를 입는 등 세계에서 가장 큰 실크 소비국이기도 하다. 제2차 세계대전 동안 영국은 중동에서 확보한 실크로 낙하산을 만들었다. 실크는 매우 견고하기 때문에 이불과 커튼 등은 물론 자전거 타이어, 포병의 화약 가방, 의료용 실 등 산업적으로도 사용된다.

실크는 사실 최초로 국제화의 물결을 이끈 원동력이기도 하다. 유라시아에서 동아시아 끝까지 형성된 교역로의 이름이 바로 '실크로드'이다.[154] 향신료를 비롯하여 산업화 시대 이전에 거래되었던 많은 교역물 역시 곤충의 활동이 개입되거나 중요한 역할을 했던 것이다. 이 역시 곤충이 문명의 진화에 기여했음을 보여주는 중요한 사례라 할 수 있다.

곤충이 주는 영감

건축가들은 효율적이고 튼튼한 구조부터 흰개미의 천연 공기조절장치에 이르기까지 곤충에게서 여러 가지 영감을 얻었다. 음악가들도 마찬가지인데, 영국 작곡가 랠프 본 윌리엄스가 1909년에 작곡한 음악 "말벌The Wasps", 1904년에 초연을 한 자코모 푸치니의 오페라 "나비부인", 니콜라이 림스키코르사코프의 1899년 작품 "꿀벌의 비행", 이 세 작품은 곤충에게서 영감을 받아 작곡된 클래식이다. 우리가 즐길 만한, 곤충에 영감을 받은 음악은 더 많다.

인간이 곤충에게 부여한 정신적인 의미에는 부정적인 것과 긍정적인 것이 모두 있다. 성서에 나오는 '메뚜기 떼'는 부정적인 의미의 한 예다. 고대 히브리인들 역시 파리를 파리대왕이라고 알려진 악마의 화신으로 보았다. 반면에 고대 이집트에서는 쇠똥구리를 영적으로 중요하게 여기며 신성시했다. 쇠똥구리가 배설물을 굴려 동그랗게 빚는 습성을 태양신라가 태양을 움직이는 것의 상징으로 여겼다. 나비와 나방은 고대 그리스와 아프리카를 비롯하여 수많은 전통에서 행복과 기쁨을 떠올리게 했다고 한다. 또 불교에서는 변태를 하는 곤충들을 환생의 상징으로 보았는데 특히 매미가 그랬다.

나비와 나방을 연구하는 인시류학이라는 과학 분야가 있다. 초기 연구자들, 특히 빅토리아 시대 사람들은 나비와 나방을 모아서 표본으로 만드는 유행을 즐겼는데 그 수가 어마어마했다. 남아있는 표본들은 과학적으로 가치가 있지만 다행히도 지금은 덜 행해지는 방법이다. 나비 사진이 표본보다 더 유용한 도구가 될 수 있기 때문이다.

우리는 많은 곤충들이 생태계 안에서 무엇을 하는지 잘 모르기 때문에 그들이 하는 모든 일의 전반적인 중요성을 정확히 파악하는 것이 쉽지 않다. 더욱이 지구상에 있는 모든 곤충 종들 가운데 80%가량은 학술적 이름인 학명도 붙여지지 않았다. 자연 생태계의 거대한 복잡성과 다양성, 서로 간의 상호작용을 감안할 때, 곤충은 수분, 분해, 해충 관리, 영양분의 순환, 예술적 영감, 영적 의미, 음식으로의 이용은 물론 우리가 알든 알지 못하든 어떤 목적에 복무하는 존재다. 그러니 곤충이 어느 하나라도 중요하지 않다고 하는 것은 잘못된 판단일 것이다.

곤충 개체수의 감소를 말하다

곤충 개체수의 감소는 '눈에 띄지 않는 종말'이라고 표현되고 있다. 인간의 활동은 지구상의 풍부한 야생동물을 극적으로 감소시켜, 한때는 흔했던 종들을 희귀하게 만들었고 일부는 멸종시켰다.

전 세계 야생 척추동물(어류, 양서류, 파충류, 포유류, 조류)의 총 개체수는 1970년에서 2014년 사이에 60%로 줄었다고 추정된다.[155] 또 다른 연구에서는 놀랍게도 오늘날 야생 포유류가 전 세계 포유류의 단지 4%만 차지하고, 인간이 36%, 그리고 가축이 60%에 이른다고 추산했다. 전 세계 조류 가운데 70% 가까이를 가축으로 키우는 가금류(닭, 오리, 거위 등-옮긴이)가 차지한다.[156] 지구에 대한 인류의 압도적인 지배와 야생종의 급격한 감소 속도를 보면 심각한 상황으로 치닫는 것을 피하기 어려워 보인다. 그러나 이는 제법 큰 척추동물에 한정된 것일 뿐이고 우리와 함께 살아가는 무척추동물과 곤충들까지 합치면 문제의 범위는 훨씬 더 커진다.

다수의 과학 보고서에서 전 세계에 걸친 곤충의 급격한 감소에 대해 보고하고 있다. 일부 지역에서는 재난 수준으로 붕괴했는데 이는 심각하게 우려해야 할 문제다. 우리는 약 2억 5천만 년 전의 페름기 후기 이후로 지구에서 가장 큰 멸종 위기의 한복판에 있는 것 같다.

상황은 심각하지만 변화의 가능성이 아예 없는 것은 아니다. 도시의 공원 지대와 정원에서 그리고 경작지와 숲에서 함부로 사용하는 살충제의 살포를 멈춘다면 엄청난 변화를 불러올 수 있다. 곤충이 도시와 시골의 서식지에서 살 수 없도록 내몰던 우리의 관행에서 벗어난다면 상당히 바뀔 수 있을 것이다.

곤충들이 돌아오도록 촉진하는 서식지 관리를 위해 우리가 할 수 있는 일은 많다. 예를 들면, 곤충 친화적으로 만드는 것뿐만 아니라 길가, 철길, 강둑, 학교 운동장, 경기장까지 곤충이 서식하도록 할 수 있다. 나아가 모든 야생동물에게 중요한 지역들을 보존하고 가꾸기 위해서 더 많은 일을 할 수 있다. 그리고 이런 지역들은 야생동물에게 적합하지 않은 환경에서 살던 곤충들이 찾아들 수 있는, '활기가 넘치는 핫스팟'이 될 수 있다.

작지만 풍부한

라틴어 표현 가운데 '멀텀 인 파르보multum in parvo'라는 말이 있다. '작지만 풍부한'이란 뜻이다. 이 말은 무척 소홀히 대접받지만 엄청나게 중요한, 곤충이라 알려진 작지만 대단한 모든 생물 집단에 딱 들어맞는 말이다. 크기는 작더라도 우리 지구와 생태계에 미치는 그들의 영향은 엄청나다. 우리의 큰 존경과 더 큰 보살핌을 받을 만하다는 점은 확실하다.

3
99.9% 우리가 모두 아는
세균들

　어떤 식으로 바라보든 '세균'에 대한 평판은 끔찍하다. 일반적으로 세균은 질병을 일으키는 미생물로 인식된다. 세균은 여러 표백제와 청소용 세제 광고에서 사악한 존재로 묘사된다. 이들은 우리를 공격하기 위해 싱크대나 화장실, 거실 등의 습한 그늘에서 어슬렁거리며 기회를 엿본다. 수많은 광고는 이 기적 같은 제품들이 세균의 99.9%를 죽일 수 있다고 약속한다.

　'세균전'이라는 말을 들어보았을 것이다. 이 끔찍한 전쟁 방식은 전염성 있는 미생물이나 생물학적 독소를 살포하여 살상한다. 여기에 사용하는 미생물은 대부분이 다양한 박테리아, 바이러스, 균류지만 일부 곤충도 포함된다. 이들은 '생물 무기' 또는 '미생물 작용제'로 무기화되어 사람과 동물, 식물을 죽이거나 무력화한다. 이러한 무기는 매우 비인간적이고 반생태적인 것으로 사용을 금지해야 한다.

이 생물 무기는 생물학적 독소와 함께 생물무기금지협약 (1975년부터 효력 발생)에 의거하여 국제법으로 다루어지고 있다. 이러한 현실은 '세균'의 나쁜 평판을 강화하는 역할을 한다. 그러나 이것으로 모든 이야기가 끝난 것은 아니다. 세상 모든 세균을 박멸한다 해도 모든 문제가 해결되는 것은 아니다. 세균이 없다면 우리 인간과 지구상의 모든 생명체는 오히려 삶을 유지할 수 없기 때문이다.

생태계에서 우리가 의존하는 세균의 역할

엄청난 인구 증가와 인류의 영향력 확장으로 우리 인간들은 일반적으로 지구에서 차지하는 우리의 위치에 대해 오만하게 생각한다.

톡토기 예를 들어서 살펴보자. 톡토기는 절지동물로 약 6,000종이 있다. 톡토기는 이 장의 주제인 세균에 비해서는 엄청나게 큰데, 그 길이가 1/4밀리미터에서 큰 것은 1센티미터에 이르기도 한다. 전 세계 환경에 톡토기가 얼마나 많이 있는지 추정해보면 지구상 거의 모든 서식지의 흙 속에 제곱미터당 많게는 약 10,000~200,000마리가 들어있다고 한다.

더 수가 많은 곤충 집단 역시 상당히 많은데, 전 세계에서 약 14,000개 종이 있는 개미는 지구상의 동물 집단 가운데 가장 숫자가 많으며, 지표면의 거의 모든 곳에서 발견된다. 하물며 전 세계 육지 식물의 생물량은 동물들을 모두 합친 것보다 약 1,000배나 많다. 그러나 우리 눈으로 직접 보지 못하고 겪지 못하면서 인간의 오만이 발동한다.

박테리아의 전 세계 생물량을 추산하는 것은 다양한 변동이 있을 수 있다. 그래도 식물과 동물의 생물량을 모두 합한 것만큼은 될 것이다. 균류의 생물량을 추산해보면 지구 위 전체 생물량의 1/4에 이를 만큼 많을 것이다. 벌써 놀라기는 이르다. 아직 세균은 쳐다보지도 않았다. 세균은 우리와 세상을 함께 나누고 있지만 거의 알지 못하는 고세균류, 섬모충류, 편모충류, 원생동물, 그리고 그 밖의 다양한 미생물 집단을 말한다.

나무와 풀의 광합성, 방목하는 동물들과 다양한 야생 동물들의 호흡으로 인한 자연의 순환에 대해 배운 적이 있는지 모르겠다. 이들이 모두 함께 탄소, 물, 영양분, 에너지를 비롯해 중요한 자원의 순환을 만들어낸다. 그러나 이렇게 눈에 보이는 세상은 위대한 생물지구화학 순환의 한낱 작은 부분에 지나지 않는다. 예를 들어, 지구 대기 산소의 50~85%를 만들며 지구의 광합성에 기여하는 해양 광합성이라는 것이 있다. 이 '가장 중요한 일'은 대부분 수많은 세균에 의해 일어난다. 대부분의 화학물질의 순환도 마찬가지다. 미생물은 인간을 비롯한 다른 생명체의 배설물을 분해하는 데 압도적으로 큰 역할을 하고, 구성물질을 다른 생명체가 이용할 수 있는 형태로 만들며, 흙의 구조와 비옥함을 생성하고, 중요한 영양분을 재생한다.

세균을 없애버리면 생명은 말 그대로 멈출 것이다.

우리 안의 생태계

여기서 신체 내 미생물 생태계를 일컫는 엔도바이옴endobiome에 조금 더 친근해져 보자. 대부분은 엔도바이옴이 낯설 테지만 사실 이것은 우리 몸의 엄청난 일부다.

우리는 아마 우리의 생물물리학적 필요 때문에 자연의 세상에서 우리를 분리할 수 없다는 것을 알고 있을 것이다. 음식, 물, 공기부터 여러 원료와 에너지는 우리의 경제와 삶을 위해 필요한 것들이다. 여기에 더해 우리는 미생물 세상에 더 가까이 연결되어 있다. 우리 몸의 세포 대부분은 실제로 전혀 인간적이라 할 수 없다.

우리 몸속의 미생물 균체가 인간 세포보다 10배나 많다는 사실이 한때 유행하며 논문이나 책, 발표 등에 자주 등장했다. 그러나 이것은 2016년의 철저한 연구를 통해[157] 과학적 증거가 거의 없다고 결론 내려졌다. 이 새로운 연구에서는 우리 몸이 평균적으로 모든 인간 세포 하나당 1.3개의 비인간 세포의 비율로 구성되었다고 재조정했다. 그러나 이 역시 놀랄 만한 수치다. 우리 각자는 정말로 우리가 '우리'라고 생각했던 것이 전혀 아니었다.

우리는 30조 개의 인간 세포보다 많은 38조 개 정도의 미생물과 함께 구성되어 있다. 더 놀라운 것은 우리의 신체가 숨쉬기, 마시기, 먹기, 배설하기, 자극과 같은 외부 시스템에 의존하는 것과 마찬가지로, 우리의 엔도바이옴을 구성하고 있는 미생물 생태계의 건강이 우리의 전반적인 건강에 중요한 영향을 끼친다는 사실이다. 그리고 특히 신체의 다른 어떤 부분보다 장에 박테리아가 훨씬 더 많이 집중되어 있다. 그런데 이들은 우리 몸 모든 곳에 단순히 있는 것 정도가 아니라 우리 안에 긴밀히 뿌리 내리고 있다.

인간 게놈 프로젝트에서 발견한 사실을 분석한 결과, 우리 세포핵 속의 DNA는 약 20,500개의 단백질 코딩 유전자(유전 정보를 단백질로 전달하는 유전자-옮긴이)로 구성되어 있음이 밝혀졌다.[158] 이는 엄청난 양의 정보가 암호화되어 있음을 나타낸다. 그러나 이 정도 수의 유전자로는 인간의 몸에서 발생하는 생물학적 기능을 모두 설명하기에 부족하다는 점이 드러났다.[159]

사실, 새롭게 행해진 많은 연구들에서, 우리 몸이 어떻게 기능하는지를 결정하는 중요한 부분은 우리 자신의 유전자에 전혀 암호화되어 있지 않을 수도 있으며, 우리 몸에 들어 있는 수많은 미생물들이 지닌 풍부한 게놈이 우리의 기능과 행복에 중요한 역할을 한다고 밝히고 있다.[160] 인간의 장만 보더라도 장 속에서 발견된 박테리아와 바이러스의 유전 물질에 330만 개 정도의 유전자가 암호화되어 있다.[161] 다른 말로, 인간 세포에서 발견되는 것보다 1,500배나 더 많은 유전자가 있다는 것이다.

우리는 장 안의 세균이 병원체를 막아줄 뿐만 아니라 우리 몸과 서로 혜택을 주고받는 깊은 공생관계에 있다는 사실을 안다. 미생물은 음식을 잘게 부수어 우리가 더 잘 흡수할 수 있도록 해주고, 게다가 우리가 흡수하는 비타민의 일부를 합성한다. 거기에 더해, 장 안의 세균은 우리의 내부 기능에 영향을 주는 호르몬을 생산하기 때문에 우리 몸에서 내분비 기관처럼 기능하는 것으로 보인다.[162] 박테리아가 작용하여 생성된 물질은 우리 장만이 아니라 우리 몸 전체에 퍼져 있다.

인간의 장 속 미생물 구성은 우리의 건강 상태와 먹는 음식에 따라 시간이 지나면서 바뀐다. 그러나 우리는 우리 소화관 안에 어떤 생명이 있는지 아주 조금만 알고 있다. 2019년 과학 연구에서 인간의 장에 사는 거의 2,000종의 박테리아를 알아냈는데 아직 실험실에서 배양을 하지는 못했다.[163] 그리고 기억하자. 박테리아는 장 속에서 찾을 수 있는 다양한 미생물 가운데 한 종류일 뿐이다. 혈액 속에서 순환하는 DNA 단편들에 대한 2017년의 또 다른 과학 연구에 따르면, 우리 몸에 사는 수많은 미생물은 우리가 알고 있던 것보다

훨씬 더 다양하며, 99%에 이르는 DNA는 지금까지 전혀 알려진 바가 없었다고 결론 내렸다.[164]

장 속 세균의 교란은 다양한 염증과 자가면역 질환과 연관이 있다.[165, 166] 우리 장 속 세균은 아마도 기분을 포함한 더 넓은 차원의 행복과 건강에 영향을 끼치고 있다. 또 장뿐만 아니라 중추 신경계의 일부 장애에도 영향을 미칠 수 있다는 증거가 있다.[167] 이것이 건강식품 광고에 등장하는 '프로바이오틱' 박테리아의 근거가 된다. 이렇게 생명에 크게 기여하는 미생물의 보금자리에 항생제를 쏟아 넣기 전에 우리는 반드시 두 번 이상 생각해야 할 것이다. 우리 몸속 미생물들은 모든 유형의 질병에 대한 우리의 회복력에 매우 중요할 수 있기 때문이다.

인간뿐만 아니라 식물과 동물이 살아가는 데에도 미생물은 여러 가지 중요한 역할을 한다. 눈에 보이는 모든 생물(더 큰 생물)이 어떤 형태로든 미생물에게 영향을 받아 형성되었다는 것은 이제 널리 인정되고 있다. 더 크고 독자적으로 보이는 생물들과 이들과 결합된 미생물 사이에는 매우 밀접한 상호 연관성이 있다. 이러한 연관성이 생물계 어디에나 존재하고 또 그 기능이 매우 중요하다는 점은 우리가 생물학적 개체를 어떻게 이해해야 할지에 대한 질문을 갖게 한다. 이는 자연 선택이 실제로 어떻게 작동하는지에 대한 더 깊은 질문과도 연결된다.[168]

이렇게 서로 연관되어 있으면서 공생하는 형태를 일컬어 통생명체holobiont라 한다. 즉, 더 큰 숙주 생물과 이들과 다양하게 결합된 미생물로 구성된 하나의 생물학적 단위인 것이다. 이 통생명체가 개별 개체들이 함께 모여 있는 것인지 아니면 각각의 세포들이 하나의 공생 생명체를 이루고 있는 것인지에 대한 의문이 제기된다.

이렇게 흥미로운 문제들은 우리 '인간'의 의미를 어떻게 인식할 것인지 그리고 무엇이 우리를 하나의 온전한 전체로 만드는지, 또 건강함이란 무엇을 의미하는지에 대한 탐색적 질문들을 불러일으킨다.

진화의 기원

우리와 세균의 관계는 세균이 우리 장과 몸 안에 존재한다는 것과 건강한 신진대사를 위한 역할을 한다는 점보다 훨씬 더 심도 깊다. 사실 세균은 우리 세포들이 기능할 수 있게 해주는 존재다.

세포 이론은 역사적으로 가장 위대한 발견 가운데 하나다. 세포는 살아있는 생물 구조의 기본 단위이며, 모든 세포는 먼저 존재했던 세포들의 후손이다. 영국의 자연 철학자이자 건축가였던 로버트 훅이 1665년에 처음 세포를 발견하고 세포 이론을 수립했다. 그리고 오랜 과학적 토론과 합의 과정을 거쳐 1839년에 완전히 공식화되었다. 세포의 구조에 대한 지식이 커지면서 유전 물질을 갖고 있는 핵과 세포 안에 있는 다양한 세포 소기관들이 유전 물질의 명령에 따라 중요한 기능을 수행한다는 사실을 알게 되었다.

그런데 1920년대에 들어서면서 이들 세포 소기관이 세포 안에서 반 자율적인 기능을 수행한다는 이론들이 나왔다. 당시에는 이 이론이 받아들여지지 않았다. 그러다가 2차 세계대전 이후에 성능이 뛰어난 전자 현미경이 발명되면서 박테리아의 내부 구조가 밝혀지기 시작했고 이를 통해 박테리아가 미토콘드리아를 비롯한 세포 소기관의 구조와 기능과 유사하다는 점이 밝혀졌다. 미토콘드리아는 세포의 발전소라 할 수 있는 세포 소기관으로서 대부분의 진핵 세포(세포의 핵과 세포 소기관이 핵막으로 구분되어 모두 세포 안에 들어있는 세포)의 세포질 안에서 많은 수가 발견된다. 미토콘드리아는 호흡의 생화학적 과정과 에너지 생산의 역할을 맡고 있다. 1960년대에 미토콘드리아에 세포의 핵과 무관한 유전 물질인 미토콘드리아 DNA가 있다는 것이 발견되었다.[169, 170]

식물의 엽록체는 세포막 안에 들어있는 세포 소기관으로서 광합성이 일어나는 장소다. 광합성은 태양빛을 에너지원으로 이용해서 이산화탄소와 물을 합성하여 유기물질을 만들어내는 것으로, 사실상 모든 고등 식물의 세포에서 발견된다. 1962년에는 엽록체 역시 그들 자신의 DNA가 있다는 사실이 발견되었다.

엽록체는 식물의 진핵 세포가 태양빛과 무기물질로부터 영양소를 만들어내도록 한다. 이때 미토콘드리아는 진핵세포의 물질대사 효율을 크게 강화한다. 엽록소가 있는 식물 세포를 포함해 미토콘드리아로 인한 세포의 경쟁 우위가 뚜렷해졌으며 결국 오늘날의 미생물과 동식물 다양성으로 이어지게 되었다.

계속해서 새로운 세포 진화 이론이 발전했는데 그중 하나가 내공생 이론이다. 이것은 세포 진화의 공생 이론으로, 다양한 미생물 유기체가 오랜 시간 계속해서 더 깊은 공생 관계를 형성하여 결국 진핵 세포의 세포 소구조로서 세포 안에 완전히 통합됨으로써 오늘날 우리가 아는 모든 생명 형태를 만들어냈다는 이론이다. 공생 발생이라고도 한다. 이 '세포 내 공생설'은 진핵 세포가 박테리아와 같은 미생물 유기체 사이의 깊은 공생 관계에서 생겨난다고 제안하는데 러시아 식물학자 콘스탄틴 메레슈코프스키Konstantin Mereschkowski가 1905년에 만든 용어로 1910년 논문에 발표했다. 그러다가 린 마굴리스가 1967년부터 현미경 관찰의 증거를 제시해 이 이론을 발전시키고 대중화하는 데 크게 기여했다. 1970년대부터 계속 발견되는 증거를 바탕으로 지지받으면서 내공생 이론이 확립되었다. 복잡한 세포 속의 세포 소구조는 모두는 아닐지라도 대부분이 독립생활을 하는 박테리아나 고세균류와 구조가 비슷하다.

같은 이점을 오늘날 조류 세포가 내장된 산호충이 누리고 있다. 바닷물이 따뜻해져 산호충 안에 있는 조류 세포가 떨어져 나가면서 생기는 산호 탈색(백화) 현상은 공생이 중단되었을 때의 난점을 보여준다. 녹색짚신벌레의 경우에도 단일 세포인 클로렐라 조류 세포의 숙주가 되고 클로렐라는 '유사 엽록체' 역할을 하는데 이는 완전한 내공생 이전의 공생적 동반자 관계를 보여주는 것이다.

내공생 이론은 세포에 대한 아주 단순한 이해에서 출발하여 우리와 모든 고등 생명은 실제로 한 무리의 세균들이 동거하고 있는 것에 지나지 않는다는 이론으로 진화했다. 이는 '하등' 생물에 대해 지배권을 갖고 있다고 여겼던 이전의 생각에서 벗어나 이 세상에서의 우리 위치를 재평가해야 한다는 겸허한 관점을 갖게 한다.

세균들이 일하게 하다

우리 인간은 온갖 종류의 고급 기술을 발명한다. 그런데 이들 기술 가운데 많은 것들이 여러 가지 세균을 투입해 그들이 수행하는 역할에서 도움을 받는다.

다양한 하수 처리 시설에는 편모류, 박테리아, 원생동물, 원시세균, 균류를 비롯한 다양한 미생물들을 투입하여 생화학적으로 농축된 폐수를 분해하거나 오염물질을 안전한 구성물로 바꾼다. 또한 알코올을 발효시킬 때, 빵을 만들 때, 치즈와 요거트 같은 유제품을 생산하고, 향료와 식초를 만들 때도 여러 가지 미세한 균류를 이용한다. 또 다양하지만 통제된 세균의 활동을 통해서 구연산, 아미노산, 공업용 효소, 화학조미료MSG 같은 물질을 합성한다.

이제는 점차 인공적으로 합성되기는 하지만 우리는 세균으로부터 항생제와 여러 약을 얻는다. 우리는 또한 약화된 미생물이나 그들의 독소를 백신으로 이용해서 특별한 병원체에 반응하도록 하여 면역 체계를 향상시킨다. 심지어 세균을 이용해 지나치게 늘어난 생물 개체수를 억제하기도 한다. 예컨대 토끼에게 치명적인 병인 점액종증Myxoma virus을 고의로 퍼트려 20세기 중반에 토끼 개체수를 통제하기도 했다.

혐기성 미생물 역시 생물량을 유용한 바이오 연료 에너지로 전환한다. 주로 혐기 발효 과정을 통해 메탄이 풍부한 '바이오가스' 혹은 바이오에탄올을 생성하는 것이다. 광합성을 하는 박테리아나 조류 역시 새로운 바이오매스를 생산하기 위해 활용할 수 있는데 이 바이오매스는 에너지나 음식으로 전환될 수도 있을 것이다.

인간은 오랜 역사 속에서 많은 유익한 목적을 위해 미생물을 다양하게 이용해왔다. 미처 미생물의 존재를 몰랐을 때부터 미생물은 인간에게 기여해왔는데 그 유용성 목록은 너무 많아서 다 나열하기조차 힘들다.

세균에 대한 사랑으로

'99.9%, 우리가 모두 아는 세균들'이라는 이 장의 제목은
두 가지로 해석될 수 있다. 먼저 세균에게 쏟아지는 부당한
악평에 대해서 되돌아보고 바로잡자는 것이고, 두 번째는 '광
범위한 미지의 미생물권'[171]에 대해 환기하려는 것이다.

우리는 지구상에 얼마나 많은 미생물 종이 존재하는지
알지 못한다. 확신은 없지만 대략 추산해보면, 10의 12승
(1,000,000,000,000, 1조)개 정도라고 한다. 그래서 '99.9% 우리
가 모두 모르는 세균들'이라고 바꿔 말할 수도 있겠다. 이것
은 심지어 다양한 벌레들이 지구 생태계에서 하는 중요한 역
할에 대해서도 우리가 잘 모른다는 점으로 이어진다. 우리가
아는 것이라곤 세균이 어디에나 있고 그들이 잠시도 쉬지 않
고 할 일을 하고 있으며, 우리가 간신히 헤아릴 수 있는 매우
중요하고 복잡한 미소 생태계를 이루며 살아가고 있다는 것
이다.

세균은 결코 우리가 한결같이 그들에게 가하는 나쁜 평판
을 받아서는 안 된다. 이는 우리가 전적으로 그들에게 의존
해서라기보다는 신체 조직, 세포, 세포 이하의 단계에서 사실
상 우리가 바로 세균으로 만들어져 있기 때문이다!

4
영광스러운
진흙

진흙은 어떤 사람에게는 그저 '오물'이다. 또 다른 사람에게는 '물을 더럽히는 것'이다. 뭔가를 더럽히거나 뭔가 깨끗하지 않은 것을 뜻하는 영어 'soiling'에도 흙soil이 들어있다. 하지만 진흙은 오히려 매우 놀랍고 흡사 기적과 같은 물질이다.

흙에는 대단한 특성이 너무도 많다. 우리 자신을 포함한 지구상의 모든 생명은 사실 흙 없이는 존재하기 어렵다.

그렇다면 우리가 흙이라고 부르는 이 놀라운 물질은 과연 무엇일까?

진흙의 본질

흙에 대한 가장 단순한 정의는, 갈색이나 붉은색을 띠고 때로는 검은색을 띠기도 하는, 지구의 표면층을 일컫는 것이다. 흙은 때때로 '지구의 피부'로 표현되기도 하는데 매우 다양한 것들이 모여 있는 복잡한 구성물이다.

흙은 크고 작은 돌 입자, 유기체의 잔해, 광물, 물과 공기, 셀 수 없이 많은 큰 유기체와 미생물로 구성된 혼합물이다. 그리고 이 구성은 지역마다 크게 달라진다. 흙은 살아있는 것으로 불활성의 '먼지'와는 거리가 멀다. 흙을 이루는 각각의 요소들은 특별히 정해진 형태가 없는 일종의 '초유기체'로서 서로 상호작용을 한다. 우리는 흙이 식물의 삶에 필수라는 것을 잘 알고 있다. 그러나 흙은 식물뿐 아니라 지구에 있는 모든 생물에게 꼭 필요하다.

그러면 살아있으면서도 특별한 형태가 없는 이 덩어리는 처음에 어떻게 생겼을까?

흙의 기본이 되는 '부모 물질'은 화학적, 물리학적 성질이 매우 다양한 여러 가지 종류의 암석이 오랜 시간 동안 물리학적, 화학적 또는 생물학적 풍화작용을 거치며 생겨났다. 부모 물질들은 유기물과 그 밖의 여러 종류의 물질이 다양하게 모여 함께 쌓이면서 그 양이 점점 더 늘어났다. 이 풍부한 혼합물은 물, 바람, 살아있는 유기체, 그리고 시간의 흐름과 중력의 영향으로 더욱 변형되어 지역마다 다양한 종류의 흙을 만들게 된다.

이 모든 복잡한 구성물질과 상호작용이 지구 표면을 덮고

있는 흙의 놀랄 만한 다양성을 만들어낸다. 예를 들어, 화강
암으로 만들어진 흙은 주로 모래가 많고, 배수가 잘 되며, 상
대적으로 척박하다. 반면, 습기가 있는 곳에서 현무암이 부서
져서 만들어진 땅은 비옥한 편이며, 진흙이 많고 물을 품고
있는 경향이 있다.

지형과 경관도 흙의 종류와 쌓이는 높이에 큰 영향을 미친
다. 그리고 장소에 따라 강수량, 자라는 초목의 종류, 물의 흐
름에 노출되는 정도, 중력과 바람 등에 영향을 받는 정도가
달라진다. 가파른 언덕에 있는 흙은 대개 퇴적물이 쌓이는
계곡 바닥의 흙에 비해서 얕게 쌓인다. 습지에서 형성된 흙
은 유기물질이 아주 풍부하고 그 속에 산소가 없는 편이다.
그래서 식물의 분해가 거의 이루어지지 않거나 아주 천천히
일어나 이탄(토탄이라고도 하며, 시대별 퇴적물을 잘 보존하고 있어 탄소
함유량이 많다.-옮긴이)을 생성한다.

살아있는 흙

겉보기에는 활기가 없어 보이지만 흙은 완전히 살아있다.
흙은 놀랄 만큼 다양한 식물, 균류, 박테리아, 벌레, 개미, 진
드기를 비롯하여 눈에 보이는 것들과 눈에 보이지 않는 훨씬
더 많은 미세한 여러 유기물의 서식지다. 이들 중 일부는 평
생을 흙 속에서 살고, 다른 유기체들은 생활사 가운데 일부

만 흙 속, 또는 쓰레기와 썩은 나무토막, 동물의 사체와 같은 썩은 물질이 있는 흙 표면에서 보낸다.

흙의 생물 다양성은 매우 중요하지만 그만큼 제대로 이해하고 있지 못하다. 흙의 유기체는 육지의 생물 다양성에서 큰 부분을 차지한다. 인간의 행복을 포함하여 생명이 존속하고 번성하는 데 다양하고 중요한 역할을 함에도 우리는 지금까지 단지 약 1%의 흙 속 미생물에 대해 확인했을 뿐이다.

흙의 풍부한 생물 다양성과 그 속에 들어있는 복잡한 먹이 그물은 자연과 농업 생태계의 토대인 흙의 건강과 비옥함을 위해 매우 중요하다. 흙 생태계는 쓰레기를 분해하고 그 속에 들어있는 필수 영양소를 재생하며 화학 에너지를 저장한다. 흙 표면의 유기체 가운데 일부는 광합성을 해서 태양 에너지를 물과 대기 속 이산화탄소와 결합하여 복잡한 유기물로 바꿔낸다. 그렇게 하여 흙 속에 탄소를 가둠으로써 기후를 통제하는 데에 중요한 역할을 한다.

또 다른 흙 속 유기체는 흙에 들어있는 광물을 분해해서 다른 유기체가 이용할 수 있도록 도와 그들이 흙에서 자랄 수 있게 한다. 이들 가운데 균류가 아주 중요한데 이들은 식물의 뿌리에 대량으로 서식하며 식물과 공생한다. 이렇게 균류와 식물 뿌리가 공생하며 형성된 뿌리를 균근이라고 한다. 이러한 공생관계에서 식물은 균류에게서 무기물과 비타민류를 취하고 균류는 식물에게서 당분과 탄수화물 같은 유기물을 취한다.

흙 속에는 균류보다 더 큰 생명체들도 아주 많다. 그들 중 많은 것이 미세동물군으로 지름이 1/10밀리미터도 되지 않는다. 여기에는 작은 톡토기 목(톡토기로 알려진 절지동물 집단)과 진드기, 원생동물과 선충이 포함된다. 작고 길게 늘어진 선충은 흙 속 어디에나 흔하다. 대부분은 잠재적으로 해로운 미생물을 먹지만 어떤 선충들은 더 큰 동물을 먹이로 삼거나 식물 물질을 소비한다.

다른 더 큰 중형동물군(대개 지름이 1/10 밀리미터에서 2밀리미터 사이)과 대형동물군(2밀리미터보다 큰 토양 동물)이 흙 속에서 흔하게 발견되는데, 여기에는 게벌레, 큰 톡토기와 진드기, 흰개미와 개미, 다양한 유충 또는 성충 딱정벌레, 지렁이를 포함한 다양한 벌레 집단이 포함된다.

종류가 매우 다양한 지렁이는 흙에 중요한 역할을 한다. 지렁이는 식물 물질을 흙 속으로 실어 나르고, 유기물질과 영양분을 저장하고 재생한다. 또 물의 침투와 기체 교환을 가능하게 하는 흙의 다공성을 증가시키고, 식물이 흙의 영양분을 이용할 수 있도록 작용한다. 지렁이의 그리 초라하지 않은 세상에 대해서는 다음 장 '지렁이에 대한 사랑으로'에서 더 살펴볼 것이다.

소중하고도 취약한 자원

흙은 믿기 어려울 정도로 오랜 시간 동안 형성되면서 그 복잡성과 기능을 만들어간다. 고도, 지형, 기후와 다른 여러 요소들에 따라 매우 달라지겠지만, 단 1인치(2.54cm-옮긴이) 두께의 흙이 생성되려면 어림잡아 200년에서 400년가량이 필요할 것이다. 습한 열대 지역에서 흙이 더 빨리 만들어지는 경향이 있고, 춥고 건조한 기후에서는 훨씬 더 천천히 만들어진다. 그러나 흙의 물리적인 형성이 그렇다는 것이고 흙이 완전히 비옥해지려면, 적어도 3,000년 가까운 세월이 흘러야 한다.

이렇게 긴 시간이 걸리는 흙의 형성과 현대의 흙 소실률을 비교해보자. 오늘날 경작지나 개발에 이용하기 위해서 흙을 깎아내는 속도는 자연적인 흙의 공급에 비해 어마어마하게 빠르다. 헐벗은 땅 위로 빗물이 흙을 씻어 유출하고, 경작지에서는 자연적으로 덮인 초목이 사라진다. 지나치게 많은 가축들은 땅에 뿌리를 내린 식물을 앗아가고 직접적으로 흙을 성글게 한다. 식물이 없이 맨살을 드러낸 지표의 흙은 매우 많은 양이 바람에 실려 대륙을 넘어 옮겨 가게 된다. 삼림 벌채는 토양을 크게 소실시킨다.

세계적으로 흙의 자연적인 침식 속도가 사람의 활동으로 10~15배 빨라진 것으로 추정되었다. 이는 증가하는 세계 인구의 식량 안보에 중요한 자원의 감소로 이어질 것이다. 흙, 물, 채광된 물질, 대기권의 화학, 어장 등 생물 다양성의 측면에서 볼 때 우리는 단기적인 목표를 추구하기 위해 미래의 행복이 의존하는 자원들을 사실상 고갈시키고 있다. 이런 흐름은 우리 미래의 안전과 활력이 가득한 삶의 번영과 행복을 침식할 것이다.

종종 무시되는 자원인 흙은 우리의 식량 대부분을 길러낼 뿐 아니라 가치 있고 심미적인 풍경의 바탕을 이룬다. 지표면의 호수와 강물보다 더 많은 물을 흙이 머금고 있다. 흙은 정화 작용을 하고, 홍수와 가뭄의 위험을 줄이는 중요한 임무를 수행하며, 지하수 공급을 촉진한다. 흙은 또 대기권과 상호작용을 하는데, 대개 공기가 들어있는 부분(기공)이 흙 부피의 25% 정도를 차지한다. 이 기공은 물과 영양분, 탄소의 지구적 순환에 기본적인 역할을 한다. 특히 세계 토양이 저장하고 있는 전체 탄소량은 대기권과 모든 동식물이 함유한 양보다 많다.

흙은 미래 식량 안보, 홍수와 가뭄의 통제, 자연적 아름다움을 비롯한 많은 혜택을 주고 인류의 안정적인 삶에 필수적이다. 따라서 본질적으로는 재생 가능하지만 상상하기 힘들 정도로 천천히 생성되는 이 중요한 자원이 대책 없이 낭비되고 소실되지 않도록 해야 한다.

5
지렁이
사랑을 위해

누가 지렁이를 싫어할까?

반어적으로 질문할까 한다. 우리의 안전과 행복을 지원하는 놀라운 일을 하는 지렁이를 제대로 평가하기 시작한다면 어느 누가 그들을 사랑하지 않을 수 있을까?

곤충이 아닌 온갖 벌레들

시작에 앞서, 나는 지금 지렁이에 대해서 이야기할 것이라고 다시 한 번 명확하게 밝힌다.

고리 모양으로 이어진 부드럽고 튜브 같은 몸체를 지닌 환형동물은 20,000종이 넘는 큰 집단을 형성하고 있다. 이렇게 다양한 종이 있는 환형동물에는 길이가 1밀리미터 이하부터 대략 3미터가 되는 것들이 있고, 일부는 기생충이거나 상리공생(다른 유기체와 서로 이로운 동반자 관계) 동물이며 습한 환경, 담수와 바다 모두에서 발견된다. 이 환형동물에 지렁이가 속해 있다.

지렁이는 환형동물문에서도 빈모강에 속한다. 즉, 갯지렁이류(약 10,000종의 갯지렁이가 대부분 해양 환경에서 발견된다), 의충동물(개불이 속해 있음), 거머리강이 속한 환형동물의 한 집단이다. 빈모류는 10,000개 종의 해양과 육지 벌레로 구성되는데, 이에 속하는 지렁이는 전 세계의 흙 속에서 흔히 발견되며 살아있거나 죽은 유기물질을 소비하고 재활용한다.

지렁이뿐만 아니라 많은 다른 종류의 유기체가 일반적인 용어인 '벌레'라고 불린다. 지렁이도 아니고 환형동물도 아닌 다른 종류의 '벌레'에는 선충 또는 회충이 있다. 선충은 마디가 없는 몸체의 다세포 벌레로 눈에 보이는 것부터 현미경으로만 보이는 것까지 크기가 다양하다. 그들 중 많은 종류는 기생생활을 한다(요충과 십이지장충이 여기에 해당하는데 인간의 장에 들끓는다). 선충은 환형동물과 밀접한 관련이 없다.

환형동물과는 또 다른 벌레로 편형동물이 있다. 와충류(플라나리아가 속함), 촌충류, 흡충류(디스토마가 속함), 단생목의 네 가지 주요 집단으로 나뉜다. 와충류는 담수와 육지의 넓은 범위에서 발견되는 종으로 많은 수가 기생하지 않고 포식자나 다른 생활양식으로 산다. 다른 세 집단은 완전히 기생하는 집단으로 촌충류에는 촌충이 있고, 흡충류와 단생목은 모두 숙주에 부착하기 위한 빨판을 지닌다.

이쯤에서 복잡한 분류법 수업은 그만두고, 지렁이의 놀라운 세계에 대해서 살펴보자.

건강한 흙은 건강한 지렁이가 필요하다

건강한 흙은 건강한 지렁이가 필요하다. 지렁이는 흙 표면의 유기물질을 땅속으로 끌고 들어가면서 영양물질도 함께 가져간다. 지렁이는 흙 속 물질의 분해에 기여하는데, 직접적으로는 유기물질을 스스로 소화시켜서 그렇게 한다. 또 간접적으로는 유기물질을 땅속 어딘가로 끌고 들어감으로써 다른 작은 생명체가 복잡한 물질을 단순한 물질로 바꾸는 작업을 할 수 있게 한다. 그러면 흙 속의 엄청나게 다양한 생물과 뿌리식물들이 이 물질을 이용할 수 있게 된다.

이렇게 지렁이는 흙 속에 함께 사는 크고 작은 다른 동물들과 함께 흙의 비옥도를 높인다. 이는 흙의 생태계에만 혜택을 주는 것이 아니라 흙에서 자라는 모든 것들에게 혜택을 준다. 비옥한 흙에서 영양분을 잘 공급받은 식물을 먹은 초식동물은 그 다음에 육식동물에게 먹이가 되어 화학물질과 에너지의 위대한 지구적 순환의 핵심을 형성한다. 대체로 눈에 잘 띄지 않는 지렁이의 활동이 없다면 지구 시스템의 많은 부분은 완전히 붕괴하지는 않더라도 제대로 기능하기 어려울 것이다.

농업, 물의 순환과 더 넓은 생물 다양성에 미치는 지렁이의 중요성은 두말할 필요가 없다. 지렁이가 없다면 흙의 질은 크게 떨어지고 덜 비옥해질 것이다. 그러면 식량 안보의 기본이 되는 식품 생산과 섬유 상품의 생산을 비롯하여 많은 경제 활동에 더 많은 에너지와 화학물질을 투입해야 할 것이며, 그에 따른 비용이 증가할 것이다.

건강한 물 역시 건강한 지렁이가 필요하다

땅을 뒤적이는 활동을 통해 지렁이는 흙에 산소를 공급하고 투과성을 높이는 데 크게 기여한다. 그래서 지렁이가 없어지면 흙은 점점 더 조밀해져서 물이 상당히 느린 속도로 땅속으로 스며들게 된다. 그러면 비로 내리는 대부분의 물이 땅의 표면에서 빠르게 흘러가면서 흙의 침식률이 높아지고 하류의 홍수 위험이 커진다.

게다가 지표 아래 지하수가 새로운 물로 보충되지 못하여 물이 부족해지고 가뭄에 대한 회복력이 크게 감소할 것이다. 게다가 지하수는 자연적으로 여과되기 때문에 사람의 필요에 의해 뽑아 쓸 때 처리 비용이 적게 들었는데, 더 형편없이 여과된 물을 받아 쓰려면 비용과 에너지가 훨씬 더 많이 들 것이다.

건강한 생태계에도 건강한 지렁이가 필요하다

영양물질과 에너지의 순환에 기여하는 것은 말할 것도 없고 지렁이는 그 자체로도 맛있고 영양가가 높은 먹거리다. 아마도 대부분의 사람들 눈에는 그렇게 보이지 않겠지만 말이다.

지렁이는 '검은새가 가장 좋아하는 먹이'라고 알려져 있는데, 검은새와 개똥지빠귀에서 독수리와 솔개에 이르기까지 여러 새들에게 중요한 식량이다. 검은새는 사실 '지렁이 유혹하기'를 하는 여러 새들 가운데 하나로, 흙 표면에서 발을 굴러 빗소리를 흉내 내어 지렁이들이 땅 위로 올라오면 잡아먹는 약은 새이다. 그런데 지렁이를 비롯한 흙 속 식량원은 농업 집약도와 농약 사용이 증가하면서 크게 줄어들었다. 유럽울새는 '정원사의 친구'로 알려져 있다. 정원사 가까이에 있다가 흙을 뒤집을 때 나오는 지렁이와 다른 맛있는 먹이를 잡아먹는다. 유럽울새는 취미 낚시를 많이 하는 곳에서 상당히 길들여져 구더기나 지렁이 한 조각을 구걸하는 법을 배우는 것처럼 자연에서도 땅을 뒤집는 야생 멧돼지와 다른 동물들을 따라다니며 그들의 친구가 될 것이다.

오소리 역시 지렁이를 찾아다니는데, 특히 다른 식량이 자취를 감추는 겨울에는 여우나 뾰족뒤쥐, 들쥐들도 그렇게 한다. 또 두더지는 지렁이가 주식이기 때문에 축축한 흙에서 그들을 찾아낸다. 중앙아프리카의 보노보(피그미 침팬지로도 알려져 있다)와 고릴라도 정기적으로 지렁이를 즐긴다. 게다가 작게는 큰가시고기에서 커다란 연어에 이르기까지 아주 다양한 어류 종들도 육즙 많은 지렁이를 좋아한다!

지렁이 먹기

인간들 모두가 지렁이가 맛있거나 영양가 있는 음식이라여기지는 않을 것이다. 하지만 이는 사실 '선진 세계'라 불리는 곳의 관점이다. 산업화된 사회에 사는 사람들에게 지렁이는 구역질나고 먹지 못할 것으로 여겨지지만, 세계의 다른많은 지역에서는 지렁이를 비롯하여 다양한 벌레와 유충, 곤충이 영양이 풍부하고 맛있는 음식으로 환영받는다. 사실 모든 지렁이 종은 사람이 먹을 수 있다.

뉴질랜드의 마오리 사람들, 피지 사람들, 중국의 광동지방사람들 모두 지렁이를 별미로 생각한다. 베네수엘라 남부의예쿠아나 원주민들은 시냇가 주변 축축한 땅이나 고산 숲의땅에서 지렁이를 모아서 내장을 빼고 삶거나 훈연을 하여 먹는데 이것이 식사의 중요한 부분을 차지한다. 아프리카, 뉴기니, 남아메리카의 많은 곳에서도 지렁이가 식사의 주된 부분을 차지한다.

널리 퍼지지는 않았지만 튀긴 지렁이를 라멘에 넣은 것이 일본의 일부 식당에서 등장했다. 필리핀에서는 1980년대에 지렁이종 가운데 팔딱이지렁이 Perionyx excavatus를 야채 쓰레기 속에서 길러서 약초와 양념을 섞어 가공하여 스테이크 패티를 만들었는데, 이 음식의 재료가 알려지면서 인기가 없어졌다. 지렁이 튀김과 지렁이를 원료로 만든 육포를 포함한 다른 레시피도 인터넷에서 찾을 수 있다.

지렁이 미식의 놀라운 세계를 마치기 전에 널리 떠돌았던, 그러나 잘못된 도시 괴담을 짚고 넘어가야겠다. 처음에 퍼진 이야기는 웬디스, 그리고 맥도날드가 지렁이를 갈아서 햄버거 패티를 만든다는 것이었다. 하지만 이 소문에는 털끝만큼의 증거도 진실도 없다. 이때 맥도날드의 창업자 레이 크록은 파운드당 지렁이의 가격이 파운드당 간 쇠고기 가격의 두 배가 넘으니 햄버거용으로 선택하는 것은 말도 안 되는 소리라고 설명했다.

사실, 산업화된 서양 세계의 좁은 시각을 갖지 않는 많은 사람들에게는 지렁이를 인간의 식사에 추가하는 것이 적어도 그렇게 미친 생각은 아니다. 지렁이는 영양가 많고 건강에 좋은 '슈퍼푸드'이기 때문이다. 쉽게 채집할 수 있고 유기 폐기물에서 효율적으로 기를 수도 있다. 깨끗하게 세척한 지렁이는 많게는 단백질이 82%, 질 좋은 철분, 아미노산을 비롯한 유익한 식이 첨가물로 구성되어 있다. 싫어할 이유가 있을까?

지렁이를 일터로

지렁이 양식은 유기 폐기물 재생, 영양이 풍부한 비료 생산, 동시에 지렁이 수확이라는 세 가지 기능을 동시에 수행한다. 인간의 역사에서 지렁이는 자원과 폐기물 관리에 폭넓게 이용되었다. 산업용으로 양식을 하게 되면서 지렁이는 폐기물 관리 시스템에 적극적으로 이용되었는데, 공장형 농장 등에서 나오는 다른 유기 폐기물을 바슬바슬하고 냄새가 없는 비료와 토양 개량제 생산에 유용한 물질로 바꾼다. 이러한 산업적 활용에는 지렁이를 물고기의 먹이, 취미용 낚시의 미끼, 반려동물과 사육하는 가금류를 위한 풍부한 단백질 식품 보조제 등의 다양한 용도가 더해진다. 친구와 함께 스웨덴에서 지낸 적이 있는데, 이때 이웃집에서 가정용 벌레사육장에 지렁이를 기르면서 집 안의 유기 폐기물을 분해한 뒤에 노지에 뿌리는 것을 보았다.

전 세계에서 지렁이를 전통 의약에 응용하는 것을 찾아볼 수 있는데 인간의 장에서 생기는 모든 질병을 포함해서 치질 치료, 발모제, 정력제로도 사용된다. 고백하건데 이들 중 어느 것도 시도해보지는 않았다!

지렁이를 알게 되다

영국에는 25개 종의 지렁이가 있다. 미국에는 훨씬 더 많은 종이 있는데, 그 목록에는 16세기 초에 유럽에서 온 정착민들이 들여온 다양한 유럽산 종이 있다. 이들은 아마도 배에 무게를 주며 중심을 잡는 밸러스트로 사용된 흙과 함께 전해진 것으로 보인다.

전 세계에는 대략 6,000~10,000종의 지렁이가 있을 것으로 추정된다. 일부는 수생이지만 많은 수가 범람원과 같이 습기가 많은 지상의 흙에서 산다. 또한 건조해질 경우 물을 찾아서 밑으로 흙을 파고 내려올 수 있는 높은 지대의 땅에서도 산다.

영국에서 가장 큰 지렁이는 붉은큰지렁이Lumbricus terrestris라고 부르는 것이다. 이 지렁이는 12센티미터 길이까지 자라고 3미터 깊이의 수직 방향의 굴에서 사는데 밤이 되면 나와서 낙엽이나 다른 썩어가는 식물들을 먹고, 가까이에 있는 지렁이와 짝짓기를 한다. 유럽 정착민들이 처음 아메리카 대륙에 갔을 때 도입된 종이기는 하지만 미국에서는 같은 종을 '나이트크롤러nightcrawler(밤에 기어 다닌다고 붙은 이름)'라고 하고 캐나다에서는 '듀웜dew worm'이라고 한다.

빨갛고 노란 줄무늬가 있는 영국의 줄지렁이Eisenia fetida를 포함한 많은 작은 지렁이 종은 주로 퇴비를 비롯한 축축하고 썩어가는 나뭇잎 쓰레기, 유기물 성분이 풍부한 흙과 거름 더미에서 발견된다. 또한 단단하고 줄무늬가 있는 적갈색 유럽나이트크롤러European nightcrawler는 대개 삼림지대 쓰레기나 유기물이 풍부한 흙에서 발견된다. 유럽나이트크롤러는 낚시의 미끼로 인기가 많을 뿐더러 퇴비를 만드는 데에도 점점 더 많이 사용되고 있다.

영국에는 이들 말고도 더 다양한 지렁이 종이 있다. 영국지렁이협회까지 있는데 지렁이에 대한 과학 연구를 장려하고 지원하며 지렁이와 그들의 서식 환경 보존을 목표로 한다.[172]

놀라운 지렁이들

지렁이를 반으로 자르면 각각의 절반이 온전한 개체로 자랄 거라는 생각은 여전히 끈질기게 남아있는 신화다. 실제로 지렁이를 반으로 자르면 그 결과는 간단하다. 지렁이는 죽는다! 겉보기에는 단순해 보이지만 지렁이는 사실 앞쪽에 입이 있고, 삼킨 흙과 썩어가는 초목에서 유기물을 뽑아내는 긴 장과 혈관, 뒤쪽에 생식기관 및 기타 기관과 함께 항문이 있는 제법 복잡한 생명체다. 그러므로 지렁이는 여러분과 나처럼 반으로 잘랐을 때 더 이상 재생되지 않는다!

고대 그리스 철학자 아리스토텔레스는 지렁이를 '지구의 소화관'이라고 했는데, 이는 지렁이가 흙 속의 유기물을 처리해서 식물의 먹이로 만드는 것이 마치 사람의 소화관 같기 때문이다. 이집트의 여왕 클레오파트라 역시 이 보잘것없는 지렁이가 이집트 농업에 끼치는 엄청난 기여를 인정해서 그들의 신성함을 법으로 선언했다.

지렁이는 폐기물 처리부터 취미 낚시와 농업 생산, 심지어 약, 철학, 미식에 이르기까지 생태계에 온갖 놀라운 일들을 해낸다. 그들이 없는 세상은 여러 부분에서 멈추고 말 것이다.

그러니 이제 누가 지렁이를 싫어할 수 있을까?

6
쐐기풀
잡기

사람들이 별로 좋아하지 않는 이 보잘것없는 쐐기풀을 나는 좋아하는 편이다. 봄날 강둑에서 무심코 어린 쐐기풀 위에 앉게 되면, 그 가시가 내 부드러운 피부를 따끔하게 자극한다. 나는 이런 쐐기풀을 용서할 수 있다. 내 부주의로 똑같이 어리석은 짓을 수십 년 동안 되풀이하는 것이니 말이다! 이것은 사실 저 쏘는 쐐기풀 같은 모든 놀라운 것들에 지불해야 하는 작은 비용이다.

쐐기풀을 알아보자

꽃이 피는 다년생 식물인 쐐기풀은 극지방을 제외하고 전세계에 서식한다. 쏘는 것은 쐐기풀의 가장 잘 알려진 특징인데, 속명인 Urtica도 사실 '쏜다'는 뜻의 라틴어다.(종명인 dioica는 이 식물이 암수딴몸dioecious[여성 식물과 남성 식물이 따로 있는] 이라는 것을 반영한 이름으로, '두 집의'라는 뜻의 그리스어에서 유래되었다.) 원래 쐐기풀은 유럽 전역과 온대 아시아, 북아프리카 서부의 토종 식물이었다. 그러나 인간의 활동에 의해 퍼지기 시작한 이래로 지금은 뉴질랜드와 북아메리카에까지 전 세계에 퍼졌다. 쐐기풀은 늦여름이 되면 2미터 높이까지 자랄 수 있다. 겨울이 되면 높게 자란 줄기는 죽고 뿌리줄기(뿌리 구조)와 기는 줄기(땅 위나 땅 밑 순)로 겨울을 나고, 초봄이면 다시 싹이 튼다.

잎과 줄기에는 모두 털이 나 있는데, 일부 털은 쏘지 않지만 만지면 끝이 떨어지는 털도 있다. 이 털들이 마치 주삿바늘처럼 작동해서 접촉한 피부에 히스타민, 세로토닌, 콜린 등 몇 가지 화학물질을 주입해서 따갑게 만든다. 가시 자체는 위험하지는 않지만 피부에 '접촉성 피부염'이라고 알려진 염증을 일으킨다. 하지만 이 알레르기 증상은 특별히 항히스타민제나 히드로코르티손이 들어있는 다양한 전용 크림으로 치료할 수 있다.

쐐기풀과 자연

여름이면 쐐기풀은 빽빽이 무리지어 자라고 여러 동물의 먹이가 된다. 영국과 북유럽 나비 종들의 유충이 그 중에서 유명한데, 이들의 1차 숙주 먹이 식물이 바로 쐐기풀이다. 공작나비, 쐐기풀나비, 큰멋쟁이나비, 산네발나비 유충도 쐐기풀을 먹는다. 쐐기풀을 먹이로 삼는 나방도 여럿 있는데, 특히 귀신나방의 유충은 쐐기풀의 뿌리를 먹고 자란다. 쐐기풀은 주로 습한 환경의 하층식생에서 많이 서식하고 또 목초지에서도 자란다. 하지만 야생동물이나 가축에게는 널리 먹이로 이용되지 않는데, 아마도 가시 때문일 것이다.

겨울에 표본 식물들이 죽으면 흙이 헐벗게 된다. 이때 쐐기풀 뿌리줄기의 촘촘한 조직과 땅속이나 흙 표면의 기는 줄기가 흙의 안정화에 중요한 역할을 한다. 또한 퇴적물과 유기물을 붙잡고 있어 토양 생성에도 기여한다. 이렇게 쐐기풀이 서식하는 땅은 영양이 풍부하기 때문에 작은 무척추동물이 많이 산다. 그래서 심지어 황량하고 서리로 뒤덮인 겨울의 강둑에서도 굴뚝새 같은 겨울을 나는 새들이 쐐기풀 그루터기 사이를 살피며 먹이를 찾는 모습을 종종 볼 수 있다. 풍부한 씨앗과 뿌리줄기와 기는 줄기의 조직은 홍수와 가뭄, 들불 같은 불리한 조건에서도 쐐기풀이 살아남게 해서 땅 위에 드러난 부분이 모두 죽더라도 빨리 다시 자라나 땅 위를 덮어 서식지와 미기후를 유지하게 한다.

쐐기풀 무리의 주위를 한번 헤집어보자. 좀 이상하게 보이긴 하겠지만 그렇게 해보면 얼마나 다양한 생물들이 살고 있는지 발견하고 놀랄 것이다. 거미, 집게벌레, 쥐며느리, 장님

거미, 진딧물, 민달팽이, 달팽이 그리고 훨씬 더 많은 작은 생물들이 동물원을 형성하고 있다. 쐐기풀은 초식동물과 그들을 먹는 육식동물 모두에게 이른 계절의 식량이 된다. 예를 들어, 연초부터 진드기가 쐐기풀에서 크게 증식할 수 있는데, 이들은 쐐기풀 더미와 줄기에서 먹이를 찾는 말벌, 무당벌레, 푸른박새를 비롯한 여러 새들의 영양가 풍부한 봄의 식량원이 된다.

쐐기풀 군집은 다양한 포식자와 기생충의 숙주가 되어 이들이 퍼져 나가지 않게 함으로써 주변의 농작물과 재배 식물들에 피해가 가지 않게 한다. 그렇기에 쐐기풀을 '잡초'로 여겨 없앤다면 해충의 공격에 대한 방어장치를 제거하는 셈이며, 쐐기풀 군집에서 피신처와 먹이를 찾고 수분을 하는 다양한 생물들에게도 마찬가지로 좋지 않다.

쐐기풀은 많은 동물들에게 일 년 내내 다양한 혜택을 준다. 오색방울새, 참새, 되새, 멋쟁이새같이 씨앗을 먹는 새들은 늦여름 쐐기풀이 생산하는 풍부한 씨앗을 마음껏 먹는다. 고슴도치, 뾰족뒤쥐, 개구리, 두꺼비, 그 밖의 곤충과 연체류를 먹는 동물들 역시 쐐기풀 더미의 습한 미기후 속에서 피신처와 식량을 구한다.

다른 식물들도 쐐기풀이 봄에 하는 활동의 혜택을 받는다. 쐐기풀은 흙에서 다양한 무기물과 영양 성분을 모아서 저장하고 생물학적으로 이용할 수 있는 형태로 전환한다. 쐐기풀

더미는 담요처럼 흙 표면을 덮어 습기를 유지하고 증발을 줄이며, 지상부는 죽어서 흙 속에서 다른 유기체들과 결합하여 흙 속에 탄소를 격리함으로써 지구 기후 안정에 작게나마 기여한다.

쐐기풀 먹기

아마 몰랐을 수도 있겠지만, 쐐기풀도 먹을 수 있다. 사실, 나도 언젠가 꽤 많은 양의 쐐기풀을 먹은 적이 있다. 쐐기풀은 쪄서 가시가 없는 채소로 만드는 게 최고인데, 생김새나 맛이 시금치와 아주 비슷하다. 쐐기풀을 부드럽게 하여 퓌레(과일이나 삶은 채소를 으깨어 물을 조금만 넣고 걸쭉하게 만든 음식-옮긴이) 형태로 만들면 페스토를 만드는 데 사용할 수 있다. 특히 북부와 동부 유럽에서는 쐐기풀로 수프를 끓인다. 생것이든 말린 것이든 쐐기풀 잎과 꽃은 허브차로 마실 수 있다. 쐐기풀은 철을 비롯한 무기물이 풍부하고 비타민 A와 C도 풍부하다. 먹기에는 어린 쐐기풀이 최고인데, 이는 단지 다 자란 쐐기풀보다 덜 쏘아서가 아니라 나이가 들수록 종유체(잎 표면 세포의 탄산칼슘 덩어리-옮긴이)라는 모래와 같은 입자가 생겨 음식의 질감이 덜하게 될 뿐만 아니라 먹었을 때 속을 자극할 수 있기 때문이다.

쐐기풀을 이용하여 치즈도 만들 수 있다. 잉글랜드의 콘월 지방에서 우유로 만드는 적당히 단단한 치즈인 콘월 치즈Cornish Yarg를 감싸는 데 쐐기풀이 이용된다(치즈의 껍질처럼 되고 풍미를 더한다-옮긴이). 이 레시피는 1615년으로 거슬러 올라간다고 하는데, 앨런과 제니 그레이가 레시피를 찾은 이후부터 유명해졌다. 콘월 치즈의 영어 이름 'Yarg'는 그들의 성 'Gray'의 스펠링을 거꾸로 쓴 것이다. 고다(하우다) 치즈의 풍미를 더하기 위해서도 쐐기풀을 넣는다. 알바니아와 그리스의 전통 빵 속에 넣는 소의 재료로도 사용되고, 어린 쐐기풀 잎으로는 맥주도 만들 수 있다.

산란용 닭의 먹이에 쐐기풀을 섞으면, 잎 속에 들어있는 고농축 카로티노이드 색소가 달걀노른자의 색을 더 진하게 하는 천연 색소로 작용한다. 되새김질동물은 신선한 쐐기풀을 먹지는 않지만, 시들거나 마른 쐐기풀, 또 쐐기풀 사일리지는 맛좋고 영양가가 높은 먹이다.

한편 쐐기풀은 음식을 뛰어넘어 훨씬 폭넓게 이용된다. 오스트리아에서는 전통적으로 약초로 사용되었는데, 차로 만들거나 신선한 잎으로 콩팥, 요로, 위장, 피부, 심혈관 질환의 치료에 사용하였다. 앵글로색슨계 영국인들은 쐐기풀이 젖을 잘 나오게 한다고 생각했다. 한때는 쐐기풀로 때리거나 문질러 피부 염증을 일으켜서 피로감을 없애거나 혈액순환을 향상시키는 민간요법으로 사용되었다. 로마 군인들이 쐐기풀을 피부에 문질러 영국의 춥고 혹독한 기후에 적응하는

데 이용했다는 주장도 있다.

음식이나 약용으로 쐐기풀을 다양하게 이용한 것은 일부 과학적으로도 타당성이 있다. 다 자란 쐐기풀의 잎은 알파리놀렌산, 오메가3산은 물론 비타민 A, 비타민 C, 비타민 B2를 포함한 다양한 비타민, 그리고 비타민 C의 전 단계 물질인 카로티노이드 색소가 풍부하기 때문이다.

쐐기풀의 이용

사람들은 식용과 약용이 아닌 다른 많은 용도로도 쐐기풀을 이용해왔다.

약 3,000년 전으로 거슬러 올라간 청동기 시대 유물 가운데 옷으로 이용한 고대 쐐기풀 직물이 덴마크에서 발견되었다. 쐐기풀로 직물을 만든 것이 그리 먼 이야기만은 아니다. 1914~1918년, 1차 세계대전 동안, 독일 육군의 유니폼은 거의 다 쐐기풀로 만들었다. 면의 부족이 큰 원인이기는 했지만 쐐기풀 직물이 견고했기 때문이기도 하다. 사실, 오늘날에도 오스트리아와 독일, 이탈리아의 회사들까지 쐐기풀로 상업용 직물을 생산하기 시작했다.

쐐기풀에는 직물을 만들기에 적합한 특성이 많다. 섬유 함량이 조금 들쑥날쑥하긴 하지만 아마의 줄기에 견줄 만하다. 오늘날에는 아마와 삼(대마)을 포함해 경제적으로 더 중요한 다른 천연 식물의 섬유 자원이 있지만 쐐기풀은 과거에도 라임 나무, 등나무, 뽕나무와 함께 직물용 섬유를 채취했던 종이다.

역사적으로 쐐기풀은 아마 섬유(리넨)와 여러 가지 동일한 목적으로 사용되었다. 쐐기풀의 인피 섬유(속껍질 섬유)는 거친 특성이 있지만 면과 비슷한데, 쐐기풀은 면에 비해서 훨씬 더 낮은 '환경 발자국'으로 재배하고 수확할 수 있다. 쐐기풀 재배에는 비료와 살충제가 필요하지 않고, 오히려 폐수의 화학 성분을 재활용한다. 게다가 꼭 아열대나 열대 기후에서 재배하지 않아도 되기 때문에 탄소를 많이 배출하는 장거리 운송을 하지 않아도 된다.

쐐기풀은 염료로도 이용할 수 있다. 뿌리에서 추출한 노란색 염료와 잎에서 추출한 초록색 염료가 있다. 인과 질소가 풍부한 흙에서 잘 자라는 특성 때문에 수확한 쐐기풀을 퇴비에 섞어주면 더 비옥한 퇴비로 만들 수 있다. 또 잘게 부수어 액체 비료로 만들어 원예에 사용할 수도 있다. 이렇게 다양하게 이용되는데도 쐐기풀을 잡초로 알고 있는 사람들이 많다. 이런 사람들은 쐐기풀을 재배하기도 한다는 사실을 알면 깜짝 놀랄지도 모른다.

쐐기풀을 잡는 방법

영어로 '쐐기풀을 잡다grasp the nettle'라는 관용구에는 '곤경에 맞서다'는 뜻이 있다. 이런 쓰임새가 무색해질 수 있지만 쏘이지 않고 쐐기풀을 잡는 쉬운 방법이 있다. 어린 시절에 배운 장기라고 할 수 있는데, 내가 요즘도 이용하는 방법이다.

쐐기풀에 쏘이면 따끔한 이유는 뻣뻣한 털이 피부를 뚫고 들어가 부러지면서 독을 주입하기 때문이다. 그러나 쐐기풀을 단단하게 잡으면, 특히 아래쪽 줄기를 위쪽으로 쓸어올리면서 잡으면 털들이 가지런히 누우면서 피부를 찌르지 않게 된다. 쐐기풀을 잡는 기술은 쐐기풀을 위해서도 그리고 인생의 시련에 대한 다양한 대응을 생각해본다는 측면에서도 되새겨볼 만한 가치가 있다.

결론

지구에서 살기

오늘날, 우리는 영국의 시인 알프레드 테니슨[173]이 자신의 시에서 "인정사정 봐주지 않는" 존재로 묘사했던 자연 세계로부터 해방되었을 뿐 아니라 그것을 지배하기까지 된 듯하다. 그래서 심지어 거대한 홍수 방벽, 대형 댐, 자연의 힘을 '길들인다'는 의식을 구현하는 지구공학 계획 같은 것들을 앞에 두고 자연에 대한 우리의 지배력을 찬양하기까지 한다.

그러나 이러한 태도는 우리의 삶을 지탱해주며 밀접하게 공진화해온 생태계와의 단절이라는 위험에 대한 무지를 드러낸다. 우리는 우리와 불가분의 관계인 나머지 야생의 생물들에서 멀어졌을 뿐 아니라 우리의 월등한 지적 능력을 이용해 오로지 우리의 필요만을 위해 엄청난 양의 천연자원을 소비하고 있다.

물론 까마귀도 잔가지들을 모아 둥지를 만들고, 가재와 토끼도 자신을 보호하기 위해 땅에 구멍을 판다. 그러나 우리가 지구 시스템에 가하는 조작은 그 규모가 완전히 다르다. 만약 우리가 시급히 지속가능한 삶을 위한 방법을 찾지 않고 미래의 결과를 고려하지 않은 채 우리의 기술적 영향력을 확장한다면 우리는 위험에 빠질 것이다.

이것이 두뇌가 커지면서 고도로 발달한 인간 의식이 휘두르는 양날의 칼이다. 우리는 두뇌를 전적으로 단기적인 이익만을 위해서 사용할 수도, 장기적인 차원을 고려해서 사용할 수도 있다. 우리는 지금까지 의식을 주로 단기간의 이익을 위해 발휘해왔다. 장기적인 파장에서는 눈을 돌린 채 말이다.

하지만 이제 우리 자신뿐만 아니라 모두가 의존하는 생태계에 미치는 해로운 영향을 깨닫고 현명하게 대처해야 한다. 지금 우리는 우리가 더욱 선견지명이 있는 방법으로 행동하고 혁신해야 할 책임이 있는 종이라는 것을 충분히 이해해야 한다. 그렇지 않으면 내일의 세대들이 우리를 향해 비난하고 책임을 추궁하는 상황을 면치 못할 것이다.

음식에 감사하는 마음

아마도 식탁에서 음식에 대해 감사 기도를 자주 하지는 않을 것이다. 종교에 대해 이야기하려는 것이 아니다. 발전한 기득권 사회는 언제나 넉넉하게 음식을 먹을 수 있는 혜택을 받았다. 그런데 이러한 혜택을 그저 당연한 것으로만 여겨도 될까?

현실적으로 충분한 식량을 당연하게 생각한 것은 인류 역사에서 단 1/10도 안 된다. 오늘날 이라크 지역인 티그리스강과 유프라테스강 사이의 '비옥한 초승달 모양의 땅'에 최초로 기록된 인류 문명이 발생했다. 그 중심 도시였던 우루크에서 나온 유물을 통해, 물리적인 사회 기반 시설을 바탕으로 정착 사회가 가능해졌고 매일 식량을 찾아다니던 힘든 일상에서 해방되었음을 알 수 있다. 이 첫 번째 문명의 혁신은 물의 흐름을 관리하여 이용하고 식물과 동물 종을 선별해 키워 정착 농업을 발전시키면서, 사람들이 사냥과 채집에서 벗어나도록 한 것이다.

풍족한 식량은 물 자원의 관리와 연결되어 있는데 이는 모든 번영하는 문명의 기초다. 한 예로, 많은 물을 이용하는 논의 역사는 위대한 기록 문명의 토대를 이룬다(1부 '소박한 밥 한 그릇' 참조). 물 자원의 잘못된 관리와 염분 등 토질을 저하시키는 물속 물질들이 땅에 축적된 것이, 많은 문명이 점차 쇠퇴하는 주요 요인이 되었다.

메소포타미아 지역 역시 흙이 지속적으로 산성화되어 식량 생산량이 점점 줄어들어 마침내 전체 문명이 소멸되었다. 1932년에 영국군이 인근 지역을 점령했을 때, 그곳의 거주자 수는 메소포타미아 문명이 발생하기 이전 수준으로 감소되어 있었다. 이와 비슷하게 지속가능성이 없는 관리에 따른 문명의 몰락은 태평양의 이스터섬과 북극 그린란드의 경우에서도 찾아볼 수 있다.[174]

우리가 너무 당연하게 생각하는 식탁 위의 음식들은 여러 모로 현대의 기적이라 할 수 있다. 실제로 세계의 많은 곳이 여전히 식량 부족으로 고통받고 있다. 그 반면에 부유한 지역에 사는 우리는 과도하고 인공적인 식생활에 따른 당뇨병, 비만, 심장 질환, 다양한 암을 비롯한 많은 질환으로 고통받는다. 이러한 식량 과잉 공급은 상당한 생태계 파괴와 지나친 자원 추출과 낭비를 통해 얻어진다.

일부 논평가들은 집약된 식량 생산 시스템의 에너지 집약도를 기준으로 보았을 때, 현대의 농업은 석유·화학 에너지를 먹을 수 있는 형태의 에너지로 비효율적으로 전환한 것에 불과하다고 말한다.[175] 또한 현대의 농업은 급증하는 인구를 지금과 같은 수준과 방식으로 먹이기 위해서 땅뿐만이 아니라 물과 인 같은 필수 영양소의 이용 가능성과 질을 떨어뜨리고 있다.

우리는 미래 식량 안보를 보장하는 지속가능성에 커다란 도전을 맞이하고 있다. 우리가 맞서야 할 문제 가운데 어떤 것들은 낭비를 줄이고 전 세계 공동체에서 자원을 더 잘 나누는 것에 관련되어 있고, 어떤 것들은 기술과 매우 밀접하게 관련되어 있다. 그리고 아주 많은 것들이 공정한 지배구조와 관련된다.

이러한 도전을 해결하기 위해서는 가장 중요하고 기본이 되는 식량, 물, 목재, 면섬유를 비롯한 많은 천연자원들이 자연에서 와서 다시 온전히 자연으로 돌아가야 하며, 우리가 그러한 자연에 의존한다는 인식이 바탕이 되어야 한다. 나아가 우리의 필요와 열망을 충족하는 방식이 자연의 순환과 생태계의 허용 한도 속에서 지속가능할 수 있도록 하는 것이 의사 결정의 핵심 요소가 되어야 할 것이다.

자연이라는 계좌의 균형 맞추기

짐작컨대 여러분은 은행 계좌가 어떻게 운영되는지 알 것이다. 우리는 계좌에 있는 돈을 빼서 식품과 의복 같은 생활 필수품을 사고, 수도세, 통신비 등을 내고, 음악회나 스포츠 경기나 다른 문화 행사를 관람하고, 휴가를 가는 여유를 즐기기도 한다. 그런데 이러한 소비가 지속되려면 우리가 인출한 금액과, 소득을 얻어 다시 계좌에 넣어두는 금액이 적정하게 균형을 이루어야 한다. 그렇지 않으면 계좌 원금이 완전히 소진되거나 필요할 때 평소대로 꺼내 쓰는 데 큰 제약이 따를 것이다.

1798년 토머스 맬서스 목사가 출간한 《인구론》에서 인구 증가로 불거지는 문제에 비슷한 논리를 적용했다. 맬서스는 이 책에서 인구는 기하급수적으로 증가하고 그렇게 되면 산술적으로 증가하는 식량을 비롯하여 여러 중요한 자원의 생산량을 반드시 앞지르게 되어 자원 부족 상태에 빠진다고 설명했다. 이러한 개념은 새롭고 강력해서 정치와 경제 분야에서 '맬서스주의'라는 학파를 형성했다. 맬서스는 식량 공급 증가와 균형을 이루는 인구 증가의 한계를 유지하기 위해 적용되는 두 가지 방식을 보여주었다. 1)'예방적 방식'은 출산율을 감소시키는 도덕적 속박을 포함하고, 2)'적극적 방식'은 질병, 기아, 전쟁 등 '맬서스식 재앙'으로 알려진 사건들이 조기 사망을 불러와 이전의 지속가능한 수준으로 인구를 조정한다는 것이다.

맬서스의 이러한 설명은 시대의 맥락 속에서 이해되어야 한다. 1760년대에 산업혁명이 유럽에서 시작되고 이어서 미국으로 건너갔는데 유례없는 기계화와 제조업 발달, 커다란 부의 형성과 더불어 인구가 크게 증가했다. 천연자원을 뽑아내어 활용하는 인류의 능력이 급속히 커짐과 동시에 농업의 기계화가 확대되면서 자연 경관을 확연히 변화시켰다. 또 도시화가 가속화됨에 따라 폐가스, 폐물질, 오염된 물의 방출도 크게 증가했다. 새롭고 유용한 상품의 대량생산, 새로운 시장으로의 확장, 약탈 가능한 자원이 있는 땅의 식민지화로 들썩이는 도약의 시대에 맬서스는 이러한 발전에도 생물물리학적 한계가 있다는 대안적이고 수학에 기반을 둔 아이디어를 제시한 것이다.

천연자원의 유한함이 강제하는 성장의 한계에 대한 더 본격적인 개념은 1972년 로마클럽이 출간한 《성장의 한계》에서 더욱 적나라하게 다루어졌다.[176] 《성장의 한계》는 '월드 3(world 3)'이라는 컴퓨터 모델을 이용해서 인구, 식량 생산량, 산업 산출량, 오염, 재생 불가능한 천연자원의 소비라는 다섯 가지 변수에 근거하여 지구와 인간 시스템 사이의 상호관계의 결과를 시뮬레이션한 연구에 기초하여 작성한 것이다.

저자들은 이 책에서 지구-인간 시스템의 상호작용을 통하여 벌어질 수 있는 세 가지 시나리오를 제시했다. 두 가지 기본 시나리오는 유한한 행성 자원의 재생 가능성을 인류가 앞지르게 된 21세기 중반부터 후반까지 전 세계 시스템이 '과잉 소비하고 붕괴하는' 것을 보여준다. 세 번째 시나리오는 인구와 주요 자원, 경제적 요소들의 안정화에 따른 '안정된 세계'를 보여준다.

《성장의 한계》는 유엔인간환경회의(스톡홀름 회의라고도 알려져 있다)가 열린 해에 발표되었다. 유엔인간환경회의는 국제 환경 문제에 대한 최초의 주요 회의로서 국제 환경 정책의 발전에 전환점을 이뤄냈다. 이들 회의와 책 모두 가속화되는 소비 지상주의 세상에 강한 영향력을 끼쳤다. 이 영향력은 소비주의를 부추기는 많은 주요 기업들과 여러 원인 제공자들이 지구의 한계를 고려하지 않은 잘못된 관점과 행태를 보이고 있음을 폭로하는 다양한 노력들에 의해 효과가 증폭되었다.

예를 들어, 석유 매장량은 궁극적으로 유한할 뿐 아니라 화석 연료를 사용하면서 발생시키는 과도한 이산화탄소를 다시 흡수하는 대기와 생물권의 능력 역시 유한하다는 지구물리학적 한계가 명확한 현실임이 입증되었다. 이러한 점에서 건강한 환경과 생태계의 유지와 사회·경제적 진보가 하나로 통합된 전체를 이루는 것이 지속가능한 발전의 핵심이라 할 수 있다.

미래 인류의 생존과 번영의 밑바탕이 되는 지구 시스템 계좌가 거덜 날 큰 위험에 처해 있다. 자연이라는 자본금의 재생 가능성에는 재투자하지 않으면서 그 자본금이 버틸 수 있는 것보다 훨씬 더 많은 것을 빼내어 쓰고 있는 것이다. 현재 지구상의 포유류 생물량 가운데 96%가 인간과 가축이라는 점이 그 생생한 증거다.[177] 인간의 소비 패턴은 지구의 한계를 넘어섰고[178], 이런 식의 갑작스런 세계 환경의 변화는 자연 세계의 생존력과 우리의 지속적인 필요를 지탱할 수 있는 가능성을 위협하게 되었다.

이러한 파산 직전의 상태에서 빠져나오기 위해서는 우리가 개인 금융에 그러하듯이 우리의 자연 계좌에 관심을 기울여야 한다. 우리는 생태계의 작용 방식과 그 한계에 대해 많은 것을 알고 있다. 그러한 지식을 바탕으로 18세기 산업혁명 당시에 확립된 시장과 기업의 지배구조를 떠받치는 일반적인 생각에 이의를 제기할 수 있다. 우리의 생태학적 지식은 우리의 가장 중요한 목적을 되돌아보고 지속가능한 방식으로 더 현명하고 안전한 기업 활동과 정책 결정을 할 수 있는 방향을 가리켜줄 수 있다. 그 방향은 결국 자연의 자본금을 돌보는 것이 된다.

우리는 인류와 생태계의 밀접한 상호의존성을 중심에 두는 사회로의 거대한 전환을 이룰 수 있을까? 또 대부분 단기적 이익을 위해 많은 자원을 고갈시키는 무책임한 악순환에서 빠져나올 수 있을까? 우리가 확실히 자원의 소비와 재생에서 균형을 이룬다면 손상된 생태계가 회복되고 우리의 안전하고 건강한 삶을 지원하는 그들의 능력이 실제로 확장할 수 있을까? 이 질문들에 나는 "그렇다!"고 답하고 싶다.

2020년에 나는 《지구의 재건:지속가능한 미래를 위한 우리 행성의 생명 유지 시스템의 재생산》[179]이라는 책을 썼다. 여기서 나는 큰 지형적 규모에서 지역의 작은 공간까지 밀집된 도시와 지역 환경, 선진국과 개발도상국의 많은 사례들을 모아 분석했다. 이로부터 문제의 해결책이 지역적 현상에 대한 기술적 개입이 아니라 생태계 작용에 대한 보호, 재생 또는 경쟁의 도입에서 나왔음을 알 수 있었다. 전에는 빨리 침식되던 중국의 황토 고원과 에티오피아의 고지대에 식물을 심어 식생을 조성하여 토양의 비옥도와 물의 저장 능력을 회복함으로써 수백만의 사람들을 가난에서 벗어나게 한 것을 하나의 예로 들 수 있다.

자연의 경쟁을 도입하거나 이용한 예로는, '벽면 녹화', 지속가능한 배수 시스템, '열섬 현상'을 누그러뜨리기 위한 가로수나 옥상 정원 조성, 공기의 오염물질을 제거하고 문화적으로 가치 있는 '녹색 공간'의 제공 등이 있다. 빗물, 강물, 지하수 등 자연 상태 물의 질을 보호하는 것은 물론, 보호해야 할 필요성이 매우 큰 곳이나 어업과 생활 편의시설로서 취약성에 노출된 곳의 생태계를 보호했다. 이런 사례들에서 생태계의 작용은 다른 많은 2차적인 이익이 발생하는 기초가 되기도 한다.

지금까지 한 이야기의 핵심은 인간과 자연 사이에 존재하는 계좌에 대한 이해와 균형 찾기다. 이것은 중요하지만 소홀하기 쉬운, 이 지구를 물려받을 다음 세대 계좌의 균형으로 이어진다. 그렇기에 우리는 반드시 이 소중한 행성이 받은 상처를 치유하고 건강한 생태계를 유지하는 데에 적극적인 역할을 해야 한다.

위기를 피하기 위해 정말로 해야 할 것

유엔의 권위 있는 밀레니엄 생태계 평가[180] 연구는 1,300

명이 넘는 과학자들이 95개 국가에 퍼져서 지구의 주요 서식지 유형의 상태와 동향, 그리고 이것이 인간의 지속적인 행복에 미치는 영향을 탐색하고, 건강하고 만족스런 삶을 제한할 수 있는 미래의 위기를 피하기 위해서 우리가 정말로 시작해야 할 것이 무엇인지에 대한 연구를 담은 것이다. 이 내용에 흥미가 끌린다면 관련된 후속 연구 가운데 하나인 영국의 국가 생태계 평가[181]를 함께 보기를 권한다.

인간과 자연의 통합적 결합 관계가 과학 연구에서만 표현된 것은 아니다. 힌두교, 도교와 많은 전통 부족 신앙의 핵심은 일상 속에서 신비로움과 정신적인 것의 인식에 있다. 힌두교 교리에서 창조자 브라마의 업적은 별이나 나비 날개의 무지갯빛에서 사체와 배설물까지 모든 존재하는 것에 창조자의 정신을 구현하는 것으로 완성된다. 도교에서 도의 핵심은 자연의 흐름을 나타내는 '도를 체득한 사람이 되기' 위해 그의 의지를 조화롭게 하는 '방식' 또는 '길'을 받아들이는 것이다.

자연 세계의 신성함과 그것을 돌보는 우리의 의무 또한 다른 여러 신앙에서 나타난다. 이 모든 전통에는, 사람들이 자신의 일상을 어떻게 살 것인가 하는 문제, 즉 모든 것에 깃들어 있는 정신을 존경하고, 믿음을 드러내고, 삶의 거대한 연속성과 궁극적인 운명과 함께하는 것이 들어있다.

꼭 종교적인 믿음이나 과학이 아니더라도 우리는 일상에

서 이러한 의미와 가치를 느낄 수 있다. 가장 중요한 것은 인류와, 그리고 그와 관련된 모든 것들이 이 행성 지구에 끊어뜨릴 수 없는 뿌리를 내리고 있다는 점이다. 그래서 일상적인 것들의 생태계를 둘러싼 놀라운 사실들, 현재와 미래까지 진화를 통해 우리의 행복을 떠받치는 것이 자연이라는 사실을 다시금 깨달을 수 있는 것이다. 이 깨달음은 우리에게 풍요로움과 영감을 주며, 어쩌면 우리가 존중심을 가지면서 더 잘 살고, 지속가능한 삶을 살도록 돕는 원동력일 수 있다.

우리가 일상생활에서 자연의 가치와 소중함을 알아볼 때, 지금은 거의 신경 쓰지 않고 있는, 미래의 요구와 열망이 꺾이지 않도록 뒷받침하는 생태계의 대체할 수 없는 역할에 대해 가치를 부여하는 중요한 여정을 시작하게 될 것이다.

집을 떠나지 않고 사파리에서

매일의 모든 번잡함과 걱정거리에서 벗어나 야생의 공간으로 떠나는 것은 정말 멋진 일이 아닐까? 생생하고 다채로운 자연 경관 속에 우리의 몸과 마음을 흠뻑 빠뜨리는 경험 말이다.

이런 경험은 얕은 물에서 물장난을 칠 때 발등 주변으로 물이 찰랑거리는 느낌이라든지, 강과 바다에서 헤엄을 칠 때 머리 위로 물이 일렁이는 것이라든지, 작은 보트의 돛이 바람의 힘으로 팽팽해지는 감각을 느끼는 것일 수도 있다. 또 언덕이나 산에서 아름다운 풍경을 내려다보거나 끝없이 펼쳐진 들판의 광활한 전경을 경험하는 것일 수도 있다. 또는 바람에 흘러가는 구름의 변화 속에 그려지는 갓가지 형체를 발견하거나 풍부하고 다양한 생물들, 작은 연못에서 대양에 이르기까지 세상의 모든 보금자리에서 살아가는 크고 작은 생물들의 다채로움을 목격하는 것일 수도 있다.

집에 있는 자연

하지만 아쉽게도 지금 우리는 집에 있다. 잠시 깊이 생각해 보는 시간을 가져보자. 차 한 잔을 마시거나 밥 한 그릇을 먹 으면서, 욕조에 비스듬히 기대어 앉아 있으면서, 티셔츠를 입 으면서, 책을 읽으면서… 아니면 우주여행에 대해 상상의 나 래를 펼쳐볼 수도 있을 것이다.

자연이란 우리가 아주 드물게 탈출하여 찾아가는 '저기 멀 리' 동떨어져 있는 그런 특별한 장소만이 아니다. 오히려 자 연은 우리가 자라면서 너무도 친근하게 된 우리를 둘러싼 많 은 것들이며 심지어는 우리 몸속에도 있다. 우리는 우리가 진화해온 그리고 일정한 허용치 안에서 우리의 필요와 요구 를 계속해서 떠받치는 자연 세계의 떼려야 뗄 수 없으면서 전적으로 상호 의존적인 존재로 항상 남아있을 것이다.

집과 우리 주변의 즉석 사파리는 일상적인 것들을 만들고 유지하는 물질과 에너지를 품은 자연의 존재를 확인하게 해 줄 것이다. 자연은 카펫 속에, 페인트 속에, 식탁과 수저 속에 있다. 만약 조금만 더 자세히 들여다본다면 자연은 텔레비전 과 컴퓨터 속에서도 발견되는데, 트랜지스터와 유리, 전선,

플라스틱을 비롯해서 모든 구성요소가 자연에서 나오기 때문이다. 자연은 갖가지 형태의 병과 상자와 봉지이며 그 안에 담긴 음식이다. 자연은 비누, 샴푸, 로션, 욕실 도구들이다.

이렇게 나열하는 것이 지겹고 무의미할 수 있지만, 요점은 이렇다. 우리를 둘러싼 모든 일상적인 것들을 한 꺼풀 깊게 파고들면 각각은 그들의 놀라운 생태계를 지니고 있다. 이 일상적인 것들은 실제로 영원한 순환을 통과하는 자연 자원이 단지 짧은 수명으로 일시적인 현재의 상태로 바뀐 것이다. 이 모든 것들은 자연에서 나오고 다시 자연으로 돌아간다. 우리 삶과 생활공간으로 들어오고 나가는 이들의 흐름은 생물학적, 지구화학적, 환경적, 경제적, 문화적, 정치적, 종교적으로 깊이 연결되어 있다. 그런 이유로 우리의 일상은 자연 세계와 잠시도 떨어질 수 없고, 자연 속 모든 존재와 불가분한 운명을 공유하고 있는 것이다.

인간의 본성

인간은 생물학적으로 자연과 분리될 수 없는 존재이지만, 이익과 편리함을 위해 자연을 다루는 능력 면에서 다른 생명체들과 아주 많이 다르다. 다른 종들과 달리 우리는 식량, 에너지, 금속, 골재 등 수없이 많은 물질을 생산하기 위해서 풍경, 강과 물의 흐름, 바다의 경관, 지구의 지각을 크게 바꾸었다. 그리고 그 물질들로 온갖 기발하고 편리한 물건들을 만들어 (적어도 선진 세계에서는) 많은 사람들이 매우 유용하게 사용하고 큰 혜택을 받았다. 하지만 조금만 따져보아도 이런 사실은 기적에 가까운 것임을 알 수 있다.

우리의 삶을 편안하게 만드는 모든 일상적인 것들은, 자연 물질과 에너지 흐름을 바꾸어 필요와 욕망을 충족하는 인간의 독창성과 천재성을 잘 보여준다. 그리하여 우리는 생물학적으로는 자연의 나머지 부분과 분리되지 않으면서도 추위, 더위, 배고픔, 포식 동물, 기생생물, 폭풍, 어둠에서 우리를 해방시켰다.

하지만 이러한 천재성이 있다 해도 만약 자연과 우리의 깊은 연관성을 무시한다면 우리는 다방면에서 고통받을 것이고 우리 행복의 토대가 되는 생태계에 커다란 해를 끼치게 될 것이다.

우리는 이 책에서 인간 문명의 발전, 급증하는 세계 인구와 자연 생태계의 급격한 저하와 그에 따른 문제, 기후 안정성의 약화, 오염, 자원 고갈, 현재와 또 미래에 이 지구를 함께 나누는 데에서 발생하는 피해에 대해 살펴보았다. 이런 것들은 물론 매우 중요하며 미래에 만족스러운 삶을 살기 위해서라도 큰 관심을 가져야 할 것들이다. 자연이 어떻게 항상 우리 곁에 있는지, 순수하게 자연스러운 공간부터 최첨단 기술의 정점인 우주여행의 생태계까지 새로운 눈으로 보고 감사하는 마음을 갖는 것에 대해서도 살펴보았다.

그렇다. 우리는 집을 떠나지 않고 일상적인 것들의 사파리를 즐긴 셈이다. 그러면서 우리는 이 놀라운 행성 지구와 이를 공유하는 많은 다른 생명들과의 친밀한 연결성을 갖는 인간이 과연 어떤 존재일까라는 질문과 관련된 중요한 무언가에 닿으려고 시도했다. 또한 자연이 계속해서 우리를 보살피고 미래의 안전과 행복의 기회를 제공할 수 있도록 자연과 더욱 공생하는 길로 인간의 여정을 이끌어 나가야 한다는 점을 생각해보려 했다. 이 목적은 이루어졌을까?

결과야 어찌됐든 우리는 마음만 먹으면 언제든 집을 떠나지 않고 이 즉석 사파리를 다시 방문할 수 있다!

옮긴이 말

환경 문제에 관심이 많아 일상생활에서도 어떤 방식으로 덜 사용하고 더 많이 재활용할 수 있을지 늘 고민이었다. 그러던 차에 몇 년 전 플라스틱에 대한 어린이 책을 쓰게 되면서 환경과 지구의 미래에 대해 자료를 조사하고 공부를 할 기회가 생겼다. 생각보다 엄청나게 어두운 정보들을 접하면서 정말 우울해졌던 기억이 아직도 생생하다. 그렇지만 당시 날카롭던 내 생각들은 시간이 지나면서 차츰 무뎌졌다.

그러다 만나게 된 책이《이토록 일상적인 것들의 생태학》이다. 이 책에서 처음 받은 인상은 저자가 책을 읽는 독자들에게 정말 많은 것을 알려주고 싶어 한다는 것이었다. 우리가 일상에서 아무 생각 없이 사용하는 수많은 것들 속에 깃든 자연과의 연관성을 아는 것이 우리에게 안겨줄 수많은 혜택에 대해 저자는 역사적, 문화적, 사회적이면서 물론 과학적인 시각으로 갈무리한 지식을 쏟아낸다. 그 속에는 우리가 이미 어디선가 들어본 이야기도 있고 굉장히 생소한 이야기도 있다. 그러나 어떤 내용이든 책을 읽으면서 저자가 권하는 방식으로 사물에 대해서 생각하고 있는 나를 발견하게 되었다. 그리고 그것이 다시 환경과 미래에 대한 염려, 내가 할 수 있는 무언가와 긴밀하게 연결된다는 느낌을 받았다.

내가 낡은 티셔츠들을 버리지 않고 해마다 입어서 사진을 보면 몇 년도에 찍은 사진인지 잘 구분이 되지 않는 것도 저자의 시선으로 보면 '환경 발자국'을 최소화하기 위해 제품 수명을 늘리는 일이었다! 중고물품 상점에서 오래된 시디를 사서 듣는 것이나, 그릇이나 머그잔을 사서 사용하는 것도, 나에게 필요 없는 물건들을 계절마다 정리해서 기증하는 일도, 에어컨을 켜기보다 선풍기를 트는 것도 이기적인 인간에서 조금은 벗어나는 행동인 것이다.

우리가 창밖으로 내다보이는 나무들의 이름을 알고 그들이 우리에게 주는 혜택에 대해서 생각하는 능력이 생긴다면, 우리 집 뒷마당에 늘 찾아와서 상쾌한 소리로 지저귀는 새들의 존재 의미를 알게 된다면, 우리는 지금보다 더 자연에 감사하고 존경하는 마음을 갖게 될 것이다. 그것이 저자가 말하는 가장 첫 번째 단계이고 좋은 시작이다.

이 책을 읽는 모든 독자들이 좀 더 많은 것들에서 자연과의 연계를 찾아보게 되기를 바란다. 그리고 그런 마음이 우리 지구와 생태계에 고마움을 느끼고 그것을 더 아끼는 첫걸음이 되길 바란다.

주

1부 집 안에서 느끼는 생태학

1. 내 트렌디한 티셔츠

1. Huckell, L. W. (1993). Plant remains from the Pinaleño Cotton Cache, Arizona. Kiva. Journal of Southwest Anthropology and History, 59(2), pp. 147–203.
2. Moulherat, C., Tengberg, M., Haquet, JF and Mille, B. (2002). First evidence of cotton at Neolithic Mehrgarh, Pakistan: Analysis of mineralized fibers from a copper bead. Journal of Archaeological Science, 29(12), pp. 1393–1401.
3. Popular Science. (1931). Gandhi Invents Spinning Wheel. Popular Science (Bonnier Corporation): 60.
4. Worldwide Fund for Nature. (2003). Thirsty Crops. Worldwide Fund for Nature. (https://www.worldwildlife.org/publications/thirsty-crops-our-food-and-clothes-eating-up-nature-and-wearing-out-the environment, accessed 26 May 2020.)
5. Worldwide Fund for Nature. (2000). The Impact of Cotton on Fresh Water Resources and Ecosystems. Worldwide Fund for Nature. (http://wwf.panda.org/?3686/The-impact-of-cotton-on-fresh-water resources- and-ecosystems, accessed 26 May 2020.)
6. http://www.murrayriver.com.au/about-the-murray/murray-darling-basin/ (accessed 26 May 2020).
7. Worldwide Fund for Nature. (2000). The Impact of Cotton on Fresh Water Resources and Ecosystems. Worldwide Fund for Nature. (http://wwf.panda.org/?3686/The-impact-of-cotton-on-fresh-water resources- and-ecosystems, accessed 26 May 2020.)
8. http://bettercotton.org/, accessed 26 May 2020.
9. FAO. (2018). Why Bees Matter: The Importance of Bees and Other Pollinators for Food and Agriculture. Food and Agriculture Organization (FAO), Rome. (http://www.fao.org/3/i9527en/ i9527en.pdf, accessed 26 May 2020.)

2. 물, 찻잔 속의 생태계

10. Woodward, NH (1980). Teas of the World. Collier Books: University of California.

11. Lee, KW, Lee, HJ and Lee, CY (2002). Antioxidant activity of black tea vs. green tea. Journal of Nutrition, 132(4), p. 785.

12. Heinrich, U., Moore, CE, Tronnier, H. and Stahl, W. (2011). Green tea polyphenols provide photo protection, increase microcirculation, and modulate skin properties of women. Journal of Nutrition, 141(6), pp. 1202–1208.

13. Cabrera, C., Artacho, R. and Giménez, R. (2006). Beneficial effects of green tea: a review. Journal of the American College of Nutrition, 25(2), pp. 79–99.

14. Korte, G. et al. (2010). Tea catechins' affinity for human cannabinoid receptors. Phytomedicine, 17(1), pp. 19–22.

15. Agritrade Executive Brief on Tea, 2013. (https://agritrade.cta.int/Agriculture/ Commodities/Tea/Executive-Brief-Update-2013-Tea-sector.html, accessed 26 May 2020.)

16. Weston, S. (2013). Global tea industry 'is in crisis' says Caf'direct. Foodbev.com, 19 June 2013. (https://www.foodbev.com, accessed 26 May 2020.)

17. Macfarlane, A. and Macfarlane I. (2004). The Empire of Tea. Overlook Press. p. 32. ISBN 1-58567-493-1.

18. Drake, MJ (2005). Origin of water in the terrestrial planets. Meteoritics & Planetary Science, 40(4), pp. 519–527.

19. Drake, MJ et al. (2005). Origin of water in the terrestrial planets. Asteroids, Comets, and Meteors (IAU S229). 229th Symposium of the International Astronomical Union, 1(4). Buzios, Rio de Janeiro, Brazil: Cambridge University Press. pp. 381–394.

20. Morbidelli, A. et al. (2000). Source regions and timescales for the delivery of water to the Earth. Meteoritics & Planetary Science, 35, pp. 1309–1329.

21. Energy Information Administration. (2008). International Energy Annual 2006. Energy Information Administration (Archived from the original on 23 May 2011).

22. NBC News. (2004). Deadly Power Plants? Study Fuels Debate: Thousands of Early Deaths Tied to Emissions. (http://www.nbcnews.com/id/5174391/#. U_3fCONdWSo, accessed26May2020.)

23. Health and Environment Alliance. (2013). The Unpaid Health Bill – How Coal Power Plants Make Us Sick. (https://www.env-health.org/IMG/pdf/heal_report_ the_unpaid_health_bill_how_coal_power_plants_ make_us_sick_final.pdf, accessed 26 May 2020.)

24. Energy Information Administration. (2010). Summary Status for the US. (http:// www.eia.gov/electricity/,accessed26May2020.)

3. 책, 내 손 안에 든 자연

25. Tobin, TJ (undated). The Construction of the Codex in Classic- and Postclassic Period Maya Civilization. (http://www.mathcs.duq.edu/~tobin/maya/, accessed26May2020.)

26. Burns, RI (1996). Paper comes to the West, 800ÿ1400. In Lindgren, Uta, Europäische Technik im Mittelalter. 800 bis 1400. Tradition und Innovation (4th ed.), Berlin: Gebr. Mann Verlag, pp. 413–422.

27. Göttsching, L. and Pakarinen, H. (2000). Recycled fiber and deinking. Papermaking Science and Technology, 7, Finland: Fapet Oy, pp. 12–14.

28. Burns, RI (1996). Paper comes to the West, 800ÿ1400. In Lindgren, Uta, Europäische Technik im Mittelalter. 800 bis 1400. Tradition und Innovation (4th ed.), Berlin: Gebr. Mann Verlag, pp. 413–422.

29. Zeigler, J. (1997). Gutenberg, the Scriptoria, and Websites. Journal of Scholarly Publishing, 29(1), p. 36.

30. Weber, J. (2006), Strassburg, 1605: The origins of the newspaper in Europe. German History, 24(3), pp. 387–412.

31. Garside, M. (2019). Paper Industry — Statistics & Facts. Statista, 22nd November 2019. (https://www.statista.com/topics/1701/paper-industry/,accessed7June2020.)

32. Everard, M., Johnston, P., Santillo, D. and Staddon, C. (2020). The role of ecosystems in mitigation and management of Covid-19 and other zoonoses. Environmental Science and Policy, 111, pp. 7–17. DOI: https://doi.org/10.1016/j.envsci.2020.05.017.

33. BBC. (2019). Where Does Recycling and Rubbish from the UK Go? BBC News: Science & Environment, 31 September 2019. (https://www.bbc.co.uk/news/science-environment-49827945, accessed 26 May 2020.)

4. 소박한 밥 한 그릇

34. Molina, J., Sikora, M., Garud, N., Flowers, JM, Rubinstein, S., Reynolds, A., Huang, P., Jackson, S., Schaal, BA, Bustamante, CD, Boyko, AR and Purugganan, MD (2011). Molecular evidence for a single evolutionary origin of domesticated rice. Proceedings of the National Academy of Sciences, 108(20), p. 8351.

35. Bellwood, P. (2011). The checkered prehistory of rice movement southwards as a domesticated cereal—from the Yangzi to the equator. Rice, 4(3), pp. 93–103.

36. Linares, OF (2002). African rice (Oryza glaberrima): History and future potential. Proceedings of the National Academy of Sciences of the United States of America, 99(25), pp. 16360–16365.

37. https://www.buddhaglobal.com/wpcproduct/rice/, accessed 26 May 2020.

38. Kropff, M. and Morell, M. (Undated). The Cereals Imperative of Future Food Systems, International Rice Research Institute (IRRI). (https://www.irri.org/news-

and-events/news/cereals-imperative-futurefood-systems,accessed26May2020.)

39. Ricepedia. (Undated). Rice Productivity. Ricepedia, a project of CGIAR. (http://ricepedia.org/rice-as- a crop/rice-productivity, accessed 26 May 2020.)

40. Umadevi, M., Pushpa, R., Samapathkumar, KP and Bhowmik, D. (2012). Rice — Traditional med icinal plant in India. Journal of Pharmacognosy and Phytochemistry, 1(1), pp. 6-12. ISSN 228-4136. (http://www.phytojournal.com/vol1Issue1/Issue_may_2012/1.2.pdf, accessed26May2020.)

41. Phytotherapy (preparations with rice for the health). (http://www.botanical-online.com/english/ medicinalpropertiesrice.htm, accessed 26 May 2020.)

42. http://www.care2.com/greenliving/13-surprising-uses-for-rice.html#ixzz35qDwKXip, accessed 26 May 2020.

43. Umadevi, M., Pushpa, R., Samapathkumar, KP and Bhowmik, D. (2012). Rice — Traditional medicinal plant in India. Journal of Pharmacognosy and Phytochemistry, 1(1), pp. 6-12. ISSN 228-4136. (http://www.phytojournal.com/vol1Issue1/Issue_may_2012/1.2.pdf, accessed 26 May 2020.)

44. Codrington, S. (2005). Planet Geography. Solid Star Press: North Ryde, Australia.

45. Pearce, F. (2004). Keepers of the Spring: Reclaiming Our Water in an Age of Globalization. Island Press: Washington, DC.

5. 목욕 시간

46. Elaine, M. (1982). The Aquatic Ape. Stein and Day Publishers.

47. Vaneechoutte, M., Kuliukas, A. and Verhaegen, M. (2011). Was Man More Aquatic in the Past? Fifty Years after Alister Hardy — Waterside Hypotheses of Human Evolution. Bentham Science Publishers.

48. https://www.usgs.gov/mission-areas/water-resources/science, accessed 26 May 2020.

49. Zhu, Y. and Newell, RE (1994). Atmospheric rivers and bombs. Geophysics Research Letters, 21(18), pp. 1999–2002.

50. Zhu, Y. and Newell, RE (1998). A proposed algorithm for moisture fluxes from atmospheric rivers. Monthly Weather Review, 126(3), pp. 725–735.

51. Fischetti, M. (2012). Mysterious atmospheric river soaks California, where megaflood may be overdue. Scientific American, 30 November 2012. (http://blogs.scientificamerican.com/observations/ 2012/11/30/mysterious-atmospheric-river/, accessed 26 May 2020.)

52. Lavers, DA, et al. (2013). Future changes in atmospheric rivers and their implications for winter flooding in Britain. Environmental Research Letters, 8, p. 034010 (http://iopscience.iop.org/ 1748–9326/8/3/034010/article, accessed 26 May 2020.)

53. EarthSky. (2014). How much do oceans add to world's oxygen? (http://earthsky.org/earth/how-much do- oceans-add-to-worlds-oxygen, accessed 26 May 2020.)

54. Gleick, P. H. (1996). Water resources. In Encyclopedia of Climate and Weather, ed. by SH Schneider, New York: Oxford University Press, vol. 2, pp. 817–823.

55. Gleick, P. H. (1996). Water resources. In Encyclopedia of Climate and Weather, ed. by SH Schneider, Oxford University Press, New York, vol. 2, pp. 817–823.

56. USGS. (Undated). Ice, Snow, and Glaciers and the Water Cycle. (https://www.usgs.gov/special-topic/ water-science-school/science/ice-snow-and-glaciers-and-water-cycle?qt-science_center_objects=0#qt science_center_objects, accessed 26 May 2020.)

57. USGS. (Undated). Ice, Snow, and Glaciers and the Water Cycle. (https://www.usgs.gov/special-topic/ water-science-school/science/ice-snow-and-glaciers-and-water-cycle?qt-science_center_objects=0#qt science_center_objects, accessed 26 May 2020.)

58. Diamond, J. (2005). Collapse: How Societies Choose to Fail or Succeed. Penguin Books: New York.

59. Wittfogel, KA (1957). Oriental Despotism: A Comparative Study of Total Power. Yale University Press.

60. http://www.greeninfrastructure.co.uk/improve.html, accessed 26 May 2020.

61. Tzoulas K., et al. (2007). Promoting ecosystem and human health in urban areas using green infra structure: A literature review. Landscape and Urban Planning, 81(3), pp. 167–178.

62. Woods, B., et al. (2007). The SUDS Manual. CIRIA Report C697, Construction Industry Research and Information Association, London.

63. http://www.communityforest.org.uk/aboutenglandsforests.htm, accessed 26 May 2020.

64. Gill, SE, Handley, JF, Ennos, AR and Pauleit, S. (2008). Adapting cities for climate change: the role of the green infrastructure. Built Environment, 33(1), pp. 122–123.

65. Grant, G. (2012). Ecosystem Services Come to Town: Greening Cities by Working with Nature, John Wiley & Sons: Chichester.

66. http://www.wsud.org/, accessed 26 May 2020.

67. http://www.sydney.cma.nsw.gov.au/our-projects/water-sensitive-urban-design-in-sydney-program water -wsud.html, accessed 26 May 2020.

68. C40 Cities. (2012). The NYC Green Infrastructure Plan. C40 Cities. (https://www.c40.org/case_studies/the-nyc-green-infrastructure-plan, accessed 2020.)

69. CABE. (2005). Does Money Grow in Trees? Commission for Architecture and the Built Environment:London.

70. Pets, G., Heathcote, J and Martin, D. (2001). Urban Rivers: Our Inheritance and Future, IWA Publishing: London.

6. 소리를 느껴봐

71. Wilson, E.O. (1990). Biophilia (New Edition). Harvard University Press.

2부 우리를 둘러싼 자연의 생태학

1. 신선한 공기를 마시다

72. From the translation by Benjamin Jowett (2012). Trial and Death of Socrates. Barnes & Noble Library of Essential Reading.
73. Everard, M. (2015). Breathing Space: The Natural and Unnatural History of the Air. Zed Books: London.

2. 화석화된 햇빛

74. Rowlatt, J. (2019). Coal: Is this the beginning of the end? BBC News: Science & Environment, 25 November 2019. (https://www.bbc.co.uk/news/science-environment-50520962, accessed9June2020.)
75. Rowlatt, J. (2020). Could the coronavirus crisis finally finish off coal? BBC News: Science & Environment, 9 June 2020. (https://www.bbc.co.uk/news/science-environment-52968716, accessed 9 June 2020.)
76. Ritchie, H. and Roser, M. (2020). Fossil fuels. ourworldindata.org. (https://ourworldindata.org/fossil fuels, accessed 26 May 2020.)

3. 불, 자연적으로 재생하는 힘

77. Wrangham, R. (2010). Catching Fire: How Cooking Made Us Human. Basic Books.
78. Fonseca-Azevedo, K. and Herculano-Houzel, S. (2012). Metabolic constraint imposes tradeoff between body size and number of brain neurons in human evolution. PNAS, 109(45), pp. 18571–18576. DOI: https://doi.org/10.1073/pnas.1206390109.

4. 나무를 위한 숲

79. Breasted, James. (Undated English translation). The Edwin Smith Surgical Papyrus. (http://www.touregypt.net/edwinsmithsurgical.htm,accessed24July2014).
80. An Aspirin a Day Keeps the Doctor at Bay. (http://www.nobelprizes.com/nobel/medicine/aspirin.html,accessed26May2020.)
81. Lewington, A. and Parker, E. (1999). Ancient Trees: Trees That Live for a Thousand Years. Collins & Brown Ltd.: London.
82. Gobierno del Principado de Asturias. (Undated). Red Ambiental de Asturias: Monumentos Naturales. Gobierno del Principado de Asturias. (https://www.asturias.es/portal/site/medioambiente/menuitem.1340904a2df84e62fe47421ca6108a0c/?vg

nextoid=fe216c79ae973210VgnVCM10000097030a0aRCRD&   vgnextchannel=33
d53d6b6311b110VgnVCM 2020.http.lang=180006 accessed 26 May8 20200RD)

83. White, TS, Boreham, S., Bridgland, DR, Gdaniec, K. and White, MJ (2008). The
Lower and Middle Palaeolithic of Cambridgeshire. English Heritage Project.

84. Zhu, Y. and Newell, RE (1994). Atmospheric rivers and bombs. Geophysics
Research Letters, 21(18), pp. 1999–2002.

5. 물고기가 왜 특별하지?

85. Williams, M. (1996). The Transition in the Contribution of Living Aquatic Resources to Food
Security, Food, Agriculture, and the Environment. Discussion Paper 13 International Food
Policy Research Institute, Washington, DC, pp. 3–24.

86. FAO. (2018). The State of World Fisheries and Aquaculture 2018 — Meeting the
Sustainable Development Goals. Food and Agriculture Organization (FAO), Rome.
(http://www.fao.org/3/i9540en/ i9540en.pdf, accessed 26 May 2020.)

87. Everard M. (2009). Ecosystem Services Case Studies. Environment Agency Science
Report SCHO0409BPVM-EE. Environment Agency, Bristol.

88. Bartley, D. (2005). Fisheries and Aquaculture Topics. Ornamental Fish. Topics Fact
Sheets. UN Food and Agriculture Organization (FAO), Fisheries and Aquaculture
Department, Rome. (http://www.fao. org/fishery/topic/13611/en, accessed 26 May
2020.)

89. Everard, M. (2012). Fantastic Fishes: A Feast of Fishy Facts and Fables. Medlar Press:
Ellesmere.

90. Chandra, G., Bhattacharjee, I., Chatterjee SN and Ghosh, A. (2008). Mosquito
control by larvivorous fish. Indian Journal of Medical Research, 127, pp. 13–27.

91. The Telegraph. (2017). Swedish eel slithers its last after 155 years. The Telegraph,
6 November 2017. (https://www.telegraph.co.uk/news/worldnews/europe/
sweden/11023470/Swedish-eel-slithers-its last- after-155-years.html, accessed 26 May
2020.)

92. CEC. (1978). Directive on the Quality of Fresh Waters Needing Protection or
Improvement in Order to Support Fish Life. 78/659/EEC.

93. Carty P. and Payne S. (1998). Angling and the Law. Merlin Unwin Books: Ludlow,
UK.

94. Everard, M. (2012). Fantastic Fishes: A Feast of Fishy Facts and Fables. Medlar Press:
Ellesmere.

95. Everard, M. (2020). The Complex Lives of British Freshwater Fishes. CRC Press/
Taylor & Francis: Boca Raton, FL.

96. http://www.bbc.co.uk/news/world-asia-pacific-16421231, accessed 26 May 2020.

97. http://www.bbc.co.uk/news/world-asia-20919306, accessed 26 May 2020.

98. BBC. (2019). Japan sushi tycoon pays record tuna price. BBC News, 5 January 2019.

(https://www.bbc.co.uk/news/world-asia-46767370,accessed26May2020.)

99. http://www.thisismoney.co.uk/money/investing/article-1679650/How-to-invest-and-make-money from- Koi-carp.html, accessed 26 May 2020. http://molometer.hubpages.com/hub/Koi-Carp-An-Ancient-

100. Long-Lived-Ornamental-Fish, accessed 26 May 2020.

101. Sports Council. (1991). Angling — An Independent Review. UK Sports Council: London.

102. National Rivers Authority. (1994). National Angling Survey 1994. Fisheries Technical Report No.5. National Rivers Authority, Bristol.

103. Association of Salmon Fishery Boards, Atlantic Salmon Trust and Salmon and Trout Association. (2009). Threats from, and Practical Solutions to, Scottish Coastal Mixed Stock Salmon Fisheries. Paper submitted by Association of Salmon Fishery Boards, Atlantic Salmon Trust and Salmon and Trout Association on 9 February 2009 to the Scottish Government, MSFWG0905. (http://www.scotland.gov.uk/Resource/Doc/1063/0079467.pdf,accessed26May2020.)

104. Fine Gael Tourism spokesperson is quoted in EFTTA. (2009). EFTTA backs MEP on sea fishing. NewsLines: News for the European Fishing Tackle Trade, January 2009. European Fishing Tackle Trade Association. pp. 2–3.

105. Salter M. (2005). Labor's Charter for Angling 2005. Labor Party: London.

106. Sport England. (2004). The Framework for Sport in England — Making England an Active and Successful Sporting Nation: A Vision for 2020. Sport England: London.

107. Environment Agency. (2009). Creating a Better Place: Environment Agency Corporate Strategy 2010–2015. Environment Agency: Bristol. (https://www.gov.uk/government/uploads/system/uploads/attachment_data/file/288543/geho0211btkv-ee.pdf,accessed26May2020.)

108. Environment Agency. (2001). Public Attitudes to Angling. Environment Agency: Bristol.

109. Simpson D. and Mawle GW (2005). Public Attitudes to Angling 2005. Environment Agency: Bristol.

110. Everard, M. (2012). Fantastic Fishes: A Feast of Fishy Facts and Fables. Medlar Press: Ellesmere.

111. Everard, M. (2020). The Complex Lives of British Freshwater Fishes. CRC Press/Taylor & Francis:Boca Raton, FL.

112. Helfman GS (2007). Fish Conservation: A Guide to Understanding and Restoring Global Aquatic Biodiversity and Fishery Resources. Island Press: Washington, DC.

113. Millennium Ecosystem Assessment. (2005). Ecosystem and Human Well-Being: General Synthesis. Island Press: Vancouver.

114. Kottelat M. and Freyhof J. (2007). Handbook of European Freshwater Fishes. Publications Kottelat: Cornol (Switzerland). ISBN 978-2-8399-0298-4, 2007, xiv+646 pp.

115. Millennium Ecosystem Assessment. (2005b). Ecosystems and Human Well-Being: Wetlands and Water — Synthesis. World Resources Institute: Washington, DC.

116. Everard M. (2004). Investing in Sustainable Catchments. Science of the Total Environment, 324(1–3), pp. 1–24.

117. Everard M. and Kataria G. (2011). Recreational angling markets to advance the conservation of a reach of the Western Ramganga River, India. Aquatic Conservation: Marine and Freshwater Ecosystems, 21(1), pp. 101–108.

118. Williamson H. (1935). Salar the Salmon. Faber and Faber: London.

119. 'The Trout': A lied Op. 32 (D.550) written in 1817.

120. Everard, M. (2012). Fantastic Fishes: A Feast of Fishy Facts and Fables. Medlar Press: Ellesmere.

121. Everard, M. (2006). The Complete Book of the Roach. Medlar Press: Ellesmere, p. 436.

122. Everard, M. (2011a). Dace: The Prince of the Stream. Calm Productions: Romford, p. 248.

123. Everard, M. (2008). The Little Book of Little Fishes. Medlar Press: Ellesmere, p. 192.

124. Thames Rivers Restoration Trust. (2006). Report and Financial Statements, Year Ended: 31 March 2006 (Charity no: 295138). Thames Rivers Restoration Trust: Newbury.

125. Pets G., Heathcoate J. and Martin D. (2002). Urban Rivers: Our Inheritance and Future. IWA Publishing and Environment Agency: London.

126. Pets J. (2006). Managing public engagement to optimize learning: reflections from urban river re storation. Human Ecology Review, 13, pp. 172–181.

127. Everard M. (2013). The Hydropolitics of Dams: Engineering or Ecosystems? Zed Books: London.

128. PFMA. (2020). 2019 Annual Report. Pet Food Manufacturers' Association (PFMA). (https://www.pfma.org.uk/_assets/docs/annual-reports/PFMA-2019-Annual-Report.pdf, accessed 26 May 2020.)

129. APPA. (2018). APPA National Pet Owners Survey 2017–2018. American Pet Products Manufacturers Association (APPMA). (https://www.americanpetproducts.org/, accessed26May2020.)

130. Everard, M. (2012). Fantastic Fishes: A Feast of Facts and Fables. Medlar Press: Ellesmere.

131. The UK's Royal Society for the Protection of Birds (www.RSPB.org.uk) has in excess of 1 million members.

6. 우주여행의 생태계

132. Pope France. (2015). Encyclical letter Laudato Si' of the Holy Father Francis on care

for our common home. (https://earthministry.org/wp-content/uploads/2015/05/
Laudato-Si.pdf, accessed 7 June 2020.)

133. Sulzman FM and Genin, AM (1994). Space, Biology, and Medicine, Vol. II: Life
Support and Habitability. American Institute of Aeronautics and Astronautics:
Washington, DC. DOI: https://doi. org/10.2514/4.104664.

134. As of 6 November 2013, according to Fédération Aéronautique Internationale
criteria which defines spaceflight as any flight over 100 kilometres (62 miles) altitude.
(Source: Wikipedia: http://en.wikipedia.org/wiki/List_of_space_travelers_by_
name,accessed26May2020.)

135. Haberl, H. et al. (2007). Quantifying and mapping the human appropriation of net
primary production in earth's terrestrial ecosystems. PNAS, 104(31), pp. 12942–
12947. DOI: https://doi.org/10.1073/pnas. 0704243104.

136. Everard M. (2013). The Hydropolitics of Dams: Engineering or Ecosystems?
London: Zed Books.

137. George, H. (1879). Progress and Poverty: An Inquiry into the Cause of Industrial
Depressions and of Increase of Want with Increase of Wealth — The Remedy.
Doubleday, Page and Company: New York. (Quote from book IV, chapter 2.)

3부 보잘것없는 존재들의 생태학

1. 매력 없는 존재들

138. For example: Thomas. F. and Poulin, R. (1998). Manipulation of a mollusc by a
trophically transmitted parasite: convergent evolution or phylogenetic inheritance?
Parasitology, 116, pp. 431–436.

    Also: Lee, HG (1995). Mollusks and Man: A Medical Perspective. The Junonia,
    Newsletter of the Sanibel-Captiva Shell Club, June 1995.

139. Irish Red Data Book. (1988). Stationary Office, Dublin.

140. Council Directive 92/43/EEC of 21 May 1992 on the Conservation of Natural
Habitats and of Wild Fauna and Flora (http://eur-lex.europa.eu/legal-content/
EN/TXT/?uri=CELEX:31992L0043, accessed26May2020.)

141. Aardman Animations and DreamWorks Animation. (2006). Flushed Away.

142. Warner Bros. Pictures. (2002). Harry Potter and the Chamber of Secrets.

143. Snow, DW and Perrins, C. (Editors). (1997). The Birds of the Western Palearctic.
Oxford University Press.

144. Carrington, D. (2010). Insects could be the key to meeting food needs of growing
global population. Guardian, 1 August 2010. (http://www.theguardian.com/
environment/2010/aug/01/insects-food-emissions, accessed 26 May 2020.)

145. Ramos-Elorduy, J. and Menzel, P. (1998). Creepy Crawly Cuisine: The Gourmet
Guide to Edible Insects. Inner Traditions/Bear & Company. p. 44.

146. Weiss, M L and Mann, A. E. (1985). Human Biology and Behavior: An Anthropological Perspective. Little Brown & Co.: Boston.

147. Gordon, DG (1998). The Eat-a-Bug Cookbook. Ten Speed Press: Berkeley, CA.

148. Thompson, A. (2013). Want to help solve the global food crisis? Eat more crickets. Forbes, 7 July 2013. (http://www.forbes.com/sites/ashoka/2013/07/31/want-to-help-solve-the-global-food-crisis-eat-morecrickets/, accessed 26 May 2020.)

149. http://en.wikipedia.org/wiki/Woodlouse, accessed 26 May 2020.

150. Dobson, A. et al. (2008). Homage to Linnaeus: How many parasites? How many hosts? Proceedings of the National Academy of Sciences, 105(1), pp. 11482–11489.

151. Quigley, EMM (2012). Prebiotics and probiotics: Their role in the management of gastrointestinal disorders in adults. Nutrition in Clinical Practice, 27(2), pp. 195–200.

2. 작지만 대단한 모든 존재들

152. Ollerton, J., Winfree, R. and Tarrant, S. (2011). How many flowering plants are pollinated by animals? Oikos, 120, pp. 321–326.

153. The Local. (2019). Bee-n and gone: Hanover supermarket warns customers of bee-less world. The Local, 15 May 2018. (https://www.thelocal.de/20180515/hanover-shop-empties-shelves-of-bee pollinated-products, accessed 26 May 2020.)

154. Vanham, P. (2019). A Brief History of Globalization. World Economic Forum (WEF). [Online.] (https://www.weforum.org/agenda/2019/01/how-globalization-4-0-fits-into-the-history-of globalization/, accessed 26 May 2020.)

155. WWF (2018). Living Planet Report — 2018: Aiming Higher. Grooten, M. and Almond, REA (Eds). WWF: Gland, Switzerland.

156. Bar-On, YM, Phillips, R. and Milo, R. (2018). The biomass distribution on Earth. PNAS, 115, pp. 6506–6511.

3. 99.9% 우리가 모두 아는 세균들

157. Sender, R., Fuchs, S. and Milo, R. (2016). Revised estimates for the number of human and bacteria cells in the body. PLOS Biology. DOI: https://doi.org/10.1371/journal.pbio.1002533.

158. Clamp, M. et al. (2007). Distinguishing protein-coding and noncoding genes in the human genome. PNAS, 104 (49), pp. 19428–19433. DOI: https://doi.org/10.1073/pnas.07909013104.

159. Lee, YK, Mazmanian, SK and Sarkis, K. (2010). Has the microbiota played a critical role in the evolution of the adaptive immune system? Science, 330 (6012), pp. 1768–1773. DOI: https://doi.org/10. 1126/science.1195568.

160. Konkel, L. (2013). The environment within: exploring the role of the gut

microbiome in health and disease. Environmental Health Perspectives, 121(9), pp. A276–A281. DOI: https://doi.org/10.1289/ ehp.121-a276.

161. Zhu. B, Wang, W. and Li, L. (2010). Human gut microbiome: the second genome of the human body. Protein and Cell, 1(8), pp. 718–725. DOI: http://dx.doi.org/10.1007/s13238-010-0093-z.

162. Clarke, G. et al. (2014). Mini review: Gut microbiota: The neglected endocrine organ. Molecular Endocrinology, 28(8), pp. 1221–38. DOI: https://doi.org/10.1210/me.2014–1108.

163. Almeida, A. et al. (2019). A new genomic blueprint of the human gut microbiota. Nature, 568, pp. 499–504. DOI: https://doi.org/10.1038/s41586-019-0965-1.

164. Kowarsky, M. et al. (2017). Numerous uncharacterized and highly divergent microbes which colonize humans are revealed by circulating cell-free DNA. PNAS, 114 (36), pp. 9623–9628. DOI: https://doi. org/10.1073/pnas.1707009114.

165. Quigley, E. M. (2013). Gut bacteria in health and disease. Gastroenterology and Hepatology, 9(9), pp. 560–569.

166. Shen, S. and Wong, CHY (2016). Bugging inflammation: Role of the gut microbiota. Clinical and Translational Immunology, 5(4): e72. DOI: https://doi.org/10.1038/cti.2016.12.

167. Wang, H., Lee, IS., Braun, C. and Enck, P. (2016). Effect of probiotics on central nervous system functions in animals and humans: A systematic review. Journal of Neurogastroenterology and Motility, 22(4), pp. 589–605. DOI: https://doi.org/10.5056/jnm16018.

168. Skillings, D. (2016). Holobionts and the ecology of organisms: Multi-species communities or integrated individuals? Biology & Philosophy, 31, pp. 875–892. DOI: https://doi.org/10.1007/ s10539-018-9638-y.

169. Nass, M. M. and Nass, S. (1963). Intramitochondrial fibers with DNA characteristics: i. Fixation and electron staining reactions. Journal of Cell Biology, 19(3), pp. 593–611. DOI: https://doi.org/10.1083/ jcb.19.3.593.

170. Schatz, G., Haslbrunner, E. and Tuppy, H. (1964). Deoxyribonucleic acid associated with yeast mi tochondria. Biochemical and Biophysical Research Communications, 15(2), pp. 127–32. DOI: https:// doi.org/10.1016/0006–291X(64)90311-0.

171. Pedrós-Alió, C. and Manrubia, S. (2016). The vast unknown microbial biosphere. PNAS, 113(24), pp. 6585–6587. DOI: https://doi.org/10.1073/pnas.1606105113.

5. 지렁이 사랑을 위해

172. https://www.earthwormsoc.org.uk/.

173. Canto 56, Alfred Lord Tennyson's In Memoriam AHH, 1850.
174. Diamond, J. (2005). Collapse: How Societies Choose to Fail or Succeed. Penguin Books: London.
175. von Weizsäcker, E. Lovins, AB and Lovins, HL (1997). Factor Four: Doubling Wealth, Halving Resource Use — The New Report to the Club of Rome. Earthscan: London.
176. Meadows, DH, Meadows, DL, Randers, J. and Behrens, WW (1972). The Limits to Growth. Universe Books: New York.
177. Bar-On, YM and Phillips, R. (2018). The biomass distribution on Earth. PNAS, 115(25), pp. 6506–6511. DOI: https://doi.org/10.1073/pnas.1711842115.
178. Rockstrom, J. et al. (2009). Planetary boundaries: Exploring the safe operating space for humanity. Ecology and Society, 14(2), 32.
179. Everard, M. (2020). Rebuilding the Earth: Regenerating Our Planet's Life Support Systems for a Sustainable Future. Palgrave Macmillan: London.
180. Millennium Ecosystem Assessment. (2005). Ecosystems and Human Well-Being. Island Press: Washington, DC. http://uknea.unep-wcmc.org, accessed26May2020.
181. http://uknea.unep-wcmc.org, accessed 26 May 2020

찾아보기

소소한 생명들의 지구를 지키는 놀라운 삶에 대하여

이토록 일상적인 것들의 생태학

1판 1쇄 인쇄 2022년 6월 28일　**1판 1쇄 발행** 2022년 7월 8일

지은이 마크 에버라드　**옮긴이** 김은주

펴낸이 전광철　**펴낸곳** 협동조합 착한책가게

주소 서울시 마포구 독막로 28길 10, 109동 상가 b101-957호

등록 제2015-000038호(2015년 1월 30일)

전화 02) 322-3238　**팩스** 02) 6499-8485

이메일 bonaliber@gmail.com

홈페이지 sogoodbook.com

ISBN 979-11-90400-37-4　(03400)